Christian Schlieder

Autodesk® AutoCAD® 2013

Grundlagen in Theorie und Praxis

Viele praktische Übungen am Planbeispiel „Digitale Fabrikplanung“

Christian Schlieder

Autodesk® AutoCAD® 2013

Grundlagen in Theorie und Praxis

Viele praktische Übungen am Planbeispiel „Digitale Fabrikplanung“

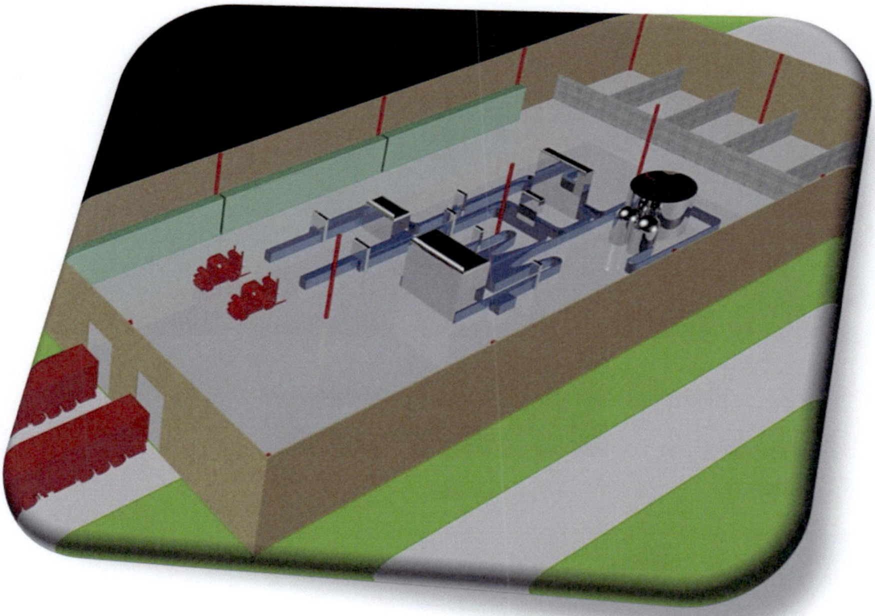

Weiterführende Literatur

Autodesk® AutoCAD®
Grundlagenkompendium

ISBN: 978-3-8423-7359-4
29,90 Eur

Autodesk® Inventor®
Grundlagen in Theorie und Praxis

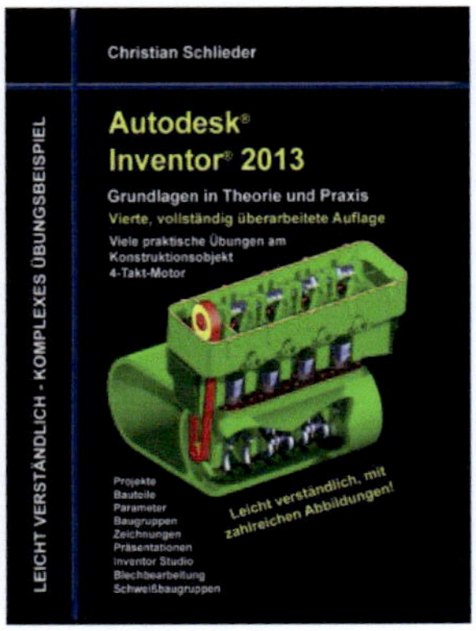

ISBN: 978-3-8482-0776-3
24,95 Eur

Autodesk® Inventor®
Grundlagenkompendium

ISBN: 978-3-8423-6657-2
29,90 Eur

Frontal-Schulung

Frontal-Schulungen können in Ihrer Firma oder in unseren Räumlichkeiten in Berlin stattfinden. Jeder Teilnehmer erhält eigene Schulungsunterlagen, welche sukzessive abgearbeitet werden. Der Trainer wird Fragen direkt und ausführlich an den einzelnen Arbeitsplätzen klären, somit ist eine intensive und individuelle Betreuung möglich.

Gern senden wir Ihnen einen Kostenvoranschlag.

Kostenlose Videos auf www.YouTube.com

Viele Übungen aus unseren Büchern stehen kostenlos als Videos auf der folgenden Website zur Verfügung:

http://www.youtube.com/user/DerCADTrainer

Autodesk
Authorised Author

ISBN

978-3-8482-1505-8

IMPRESSUM

Ingenieurbüro Schlieder
www.Ingenieurbuero-Schlieder.de
Fax: +49 (0) 3212 - 1122290

HERSTELLUNG UND VERLAG

Books on Demand GmbH, Norderstedt
www.BoD.de

INHALTSVERZEICHNIS

1 Einleitung

1.1 Zielsetzung

Dieses Buch richtet sich an alle interessierten Personen jeglicher fachlicher Bereiche. Es ist logisch aufgebaut und versucht, dem Leser anhand eines komplexen Übungsbeispiels das Programm ***Autodesk® AutoCAD® 2013*** näherzubringen. In kleinen Abschnitten lernt der Leser verschiedene Vorgehensweisen und Befehle kennen und überträgt diese auf das Übungsprojekt ***Digitale Fabrikplanung***.

Sobald die benötigten Übungsdateien heruntergeladen und gespeichert wurden, werden alle Randbedingungen des Planungsbeispiels erläutert. Das Übungsprojekt wird in verschiedene Bereiche aufgeteilt und alle grundlegenden Hintergrundinformationen aufgezeigt. Die Programmgrundlagen (Programmoberfläche, Hauptmenü, Menüleiste, Werkzeugkästen, Multifunktionsleisten, Protokoll- und Befehlseingabebereich, Modell- und Layoutbereich) werden dargestellt und das Projekt in den 2D-Bereich übertragen.

Die Arbeitsweise findet analog zum Programmaufbau statt. Die Befehle werden den einzelnen Registern und Befehlsgruppen zugeordnet, deren Bedeutung und Eigenschaften erläutert und anschließend praktisch ins Übungsprojekt übertragen. Nach Fertigstellung des 2D-Modells wird das Projekt für den Druck aufbereitet (Layoutbereich).

Im letzten Teil des Buches sollen die Möglichkeiten der Modellierung im plastischen Bereich aufgezeigt werden. Die Zeichnungsdaten aus dem 2D-Bereich werden mit Hilfe verschiedener Befehle aus dem 3D-Bereich in Volumenkörper konvertiert.

1.2 Übungsordner und Übungsdateien

1.2.1 Erzeugen Sie einen Übungsordner auf Ihrem PC

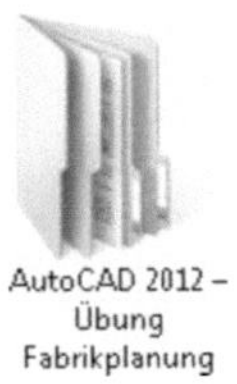

Um die Übungen in diesem Buch durchführen zu können, benötigen Sie vorgefertigte Übungsdateien, welche Sie kostenlos von der Website des Autors herunterladen können.

Vorher sollten Sie auf Ihrem PC an geeigneter Stelle einen neuen Ordner mit der Bezeichnung ***AutoCAD 2013 – Übung Fabrikplanung*** erzeugen. Dieser Ordner wird als Projektordner dienen.

1.2.2 Download der zum Buch gehörenden Übungsdateien

Abb. 1 Download der Übungsdateien

Um die Übungen aus diesem Buch durchführen zu können, benötigen Sie Übungsdateien, welche Sie von der folgenden Website kostenlos herunterladen können:

http://www.ingenieurbuero-schlieder.de

Wählen Sie im Register ***Download*** das entsprechende Buch und klicken Sie auf den rechts daneben stehenden Link ***Download der Übungsdateien***.

Speichern Sie die Datei im Projektordner ***AutoCAD 2013 – Übung Fabrikplanung*** und entpacken Sie diese darin. Es handelt sich um eine ZIP-Datei, welche mit dem kostenlosen Programm ***WINZIP*** entpackt werden kann. Den Link zu diesem Programm finden Sie ebenfalls auf der Website des Autors (Register ***Download***, oben).

Der neu entpackte Ordner enthält verschiedene Zeichnungen, welche in den Übungen aus diesem Buch verwendet werden sollen.

1.2.3 Verwendete Abkürzungen

In diesem Buch werden die folgenden Abkürzungen verwendet:

- **BG** => Befehlsgruppe
- **BM** => Betriebsmittel
- **Entf** => Taste Entfernen
- **Enter** => Taste Enter
- **Esc** => Taste Escape
- **ggf.** => gegebenenfalls
- **TM** => Transportmittel
- **UZS** => Uhrzeigersinn
- **WA** => Warenausgang
- **WE** => Wareneingang
- **Z. B.** => zum Beispiel

2 Randbedingungen definieren

2.1 Randbedingungen des Planungsbeispiels

Grundlegend sind bei der Planung einer Fabrik folgende Randbedingungen zu beachten:

- Produkt
- Betriebsmittel
- Transportmittel
- Lagerbereiche
- Sozialtrakt
- Hallenaufbau
- Außenbereich (Grundstück)
- Qualitätssicherung
- Material- und Personalfluss
- Energie- und Informationsfluss
- Kosten- und Personalanalyse
- Anforderungen an den Standort
- Gesetzliche Bestimmungen

Die Fabrikplanung im vorliegenden Übungsbeispiel wird sich auf die zeichnerische Umsetzung mit der Software ***Autodesk® AutoCAD® 2013*** beschränken. Eine Betrachtung der Qualitätssicherung, der Material-, Personal-, Energie- und Informationsflüsse sowie der Kosten- und Personalanalyse ist nicht notwendig. Lediglich die folgenden Bereiche sind von Interesse:

- Produkt
- Betriebsmittel
- Transportmittel
- Lagerbereiche
- Sozialtrakt
- Hallenaufbau
- Außenbereich

2.2 Produktbetrachtung

Abb. 2 Kasten mit 4 x 3 Glasflaschen

Das eigentliche Produkt des Planungsbeispiels ist Quellwasser, welches aus einer naheliegenden Quelle zum Fabrikgelände gepumpt und dort in Glasflaschen gefüllt wird. Diese werden in Kunststoffkästen gesetzt, welche anschließend auf Europaletten gestapelt werden. Flaschen und Kästen werden als Leergut (auf Europaletten) angeliefert und müssen vor der Füllung gereinigt werden.

2.2.1 Quellwasser

Abmessungen:
- ohne

Anlieferung:
- Wasser wird zum Fabrikgelände gepumpt

Bearbeitung:
- Quellwasser in Wasserspeicher zwischenlagern

2.2.2 Glasflaschen

Abmessungen:
- Durchmesser x Höhe: 100 x 300 mm

Anlieferung:
- Flaschen befinden sich in Kunststoffkästen
- Schraubverschlüsse wurden bereits entfernt
- Flaschen verschmutzt (innen und außen)

Bearbeitung:
- Flaschen aus Kästen heben
- Flaschen auf gefährliche Verunreinigungen (Gifte), enthaltene Feststoffe und Beschädigungen prüfen, ggf. aussortieren
- Flaschen reinigen (Laugenbad mit anschließender Wasserspülung)
- Flaschen erneut prüfen
- Flaschen füllen, verschließen und etikettieren
- Flaschen zwischenspeichern

2.2.3 Kunststoffkästen

Abmessungen:
- Länge x Breite x Höhe: 400 x 300 x 320 mm

Anlieferung:
- Kästen verschmutzt
- Kästen befinden sich auf Europalette

Bearbeitung:
- Kästen von Paletten heben
- Flaschen aus Kästen heben
- Kästen reinigen
- Kästen zwischenspeichern

2.2.4 Paletten

Abmessungen:
- Länge x Breite x Höhe: 1200 x 800 x 144 mm

Anlieferung:
- Paletten werden (mit Leergut) auf LKW angeliefert

Bearbeitung:
- Kästen und Flaschen von Palette heben
- Paletten zwischenspeichern

2.3 Einteilung der Bereiche

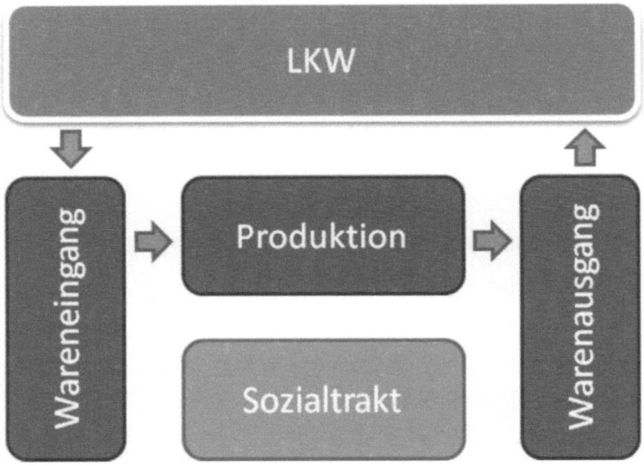

Abb. 3 Einteilung der Bereiche

Grundlegend verläuft der Materialfluss vom LKW über Wareneingang (Lager), Produktion, Warenausgang (Lager) und zum LKW zurück.

Maßgeblich für die Planung der notwendigen Größe der Fabrikhalle ist die Produktionslinie. Sie bestimmt neben der benötigten Hallengröße auch die Anordnung der einzelnen Bereiche innerhalb der Fabrikhalle.

2.4 Betriebsmittel
2.4.1 Maschinen und Anlagen der Produktionslinie

Der Produktionsbereich wird Form und Aufbau der Fabrikhalle und des Außengeländes bestimmen. Aufbau, Größe und Form der Produktionslinie werden durch die erforderlichen Betriebsmittel beeinflusst. Eine Produktionsanlage benötigt an Betriebsmitteln Anlagen, Maschinen und sonstige Geräte.

Da sich dieses Übungsbuch allein auf die zeichnerische Umsetzung der Fabrikplanung konzentriert, müssen die folgenden Betriebsmittel betrachtet werden:

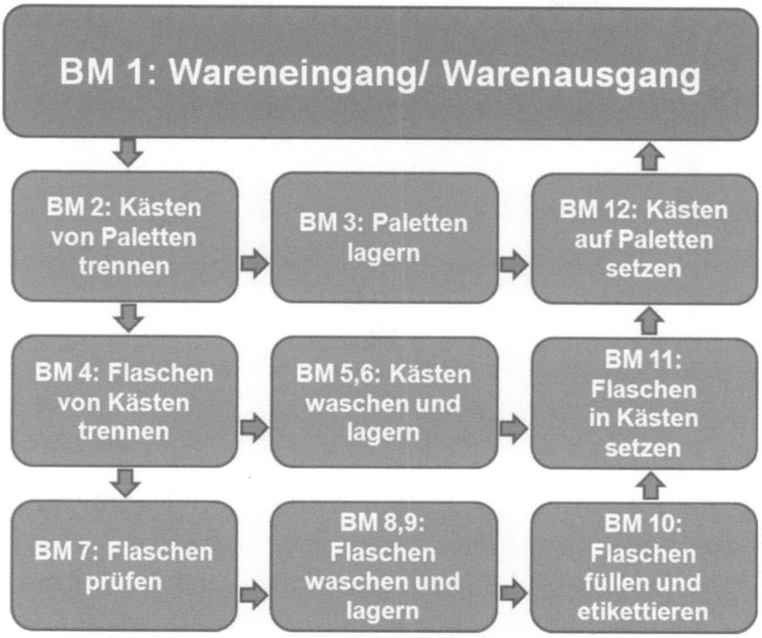

Abb. 4 Betriebsmittel (BM) des Produktionsbereiches (schematische Darstellung)

- ***BM 1***: Transport der Paletten (LKW – Lager – Produktionslinie)
- ***BM 2***: Kästen (gefüllt) von Paletten trennen
- ***BM 3***: Paletten zwischenlagern
- ***BM 4***: Flaschen von Kästen trennen
- ***BM 5***: Kästen reinigen
- ***BM 6***: Kästen zwischenlagern
- ***BM 7***: Flaschen prüfen
- ***BM 8***: Flaschen zwischenlagern
- ***BM 9***: Flaschen reinigen
- ***BM 10***: Flaschen füllen, schließen, etikettieren
- ***BM 11***: Flaschen in Kästen setzen
- ***BM 12***: Kästen und Flaschen auf Paletten setzen

2.4.1.1 BM 1: Transport der Paletten (LKW – Lager – Produktionslinie)

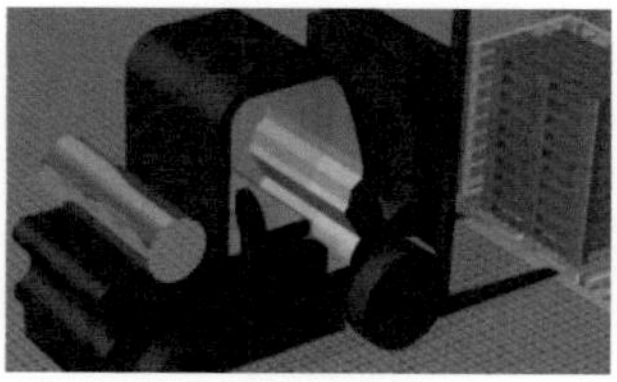

Abb. 5 BM 1 (Gabelstapler)

Be-/ Entladen des LKWs durch handelsüblichen Gabelstapler. Der LKW wird entladen, das Leergut ins Lager bzw. direkt zur Produktionslinie gebracht, wobei die Paletten vom Stapler direkt auf die Transportbänder gesetzt werden können. Im Lagerbereich stehen Regalsysteme zur Aufnahme von Paletten und Leergut zur Verfügung.

2.4.1.2 BM 2: Kästen und Flaschen von Paletten trennen

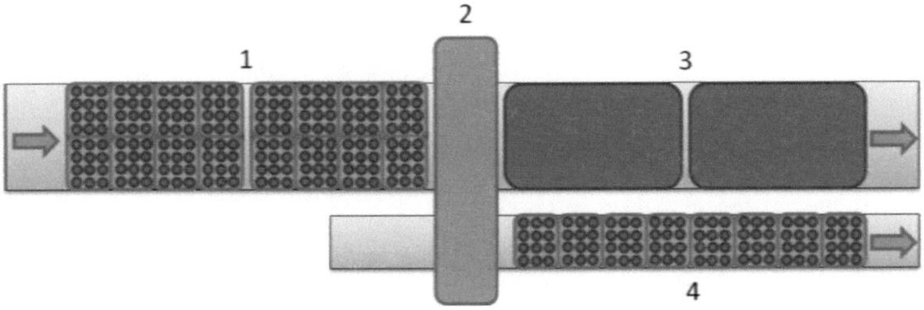

Abb. 6 BM 2 (Kästen und Flaschen von Paletten trennen)

1. Paletten mit Leergut (auf Rollenband)
2. Roboter hebt Kästen (gefüllt) von Palette
3. Leere Paletten (auf Rollenband)
4. Kästen (gefüllt)

Die Paletten mit dem Leergut werden auf einem Rollenband (1) zum ***BM 2*** transportiert. Hier hebt ein Roboter (2) die Kästen einzeln von der Palette und setzt sie auf das Kastentransportband (4).

2.4.1.3 BM 3: Paletten zwischenlagern

Die leeren Paletten fahren weiter auf dem Rollenband in einen Palettenspeicher (***BM 3***). Dieser stapelt die Paletten übereinander und gibt sie bei Bedarf wieder ins System zurück.

2.4.1.4 BM 4: Flaschen von Kästen trennen

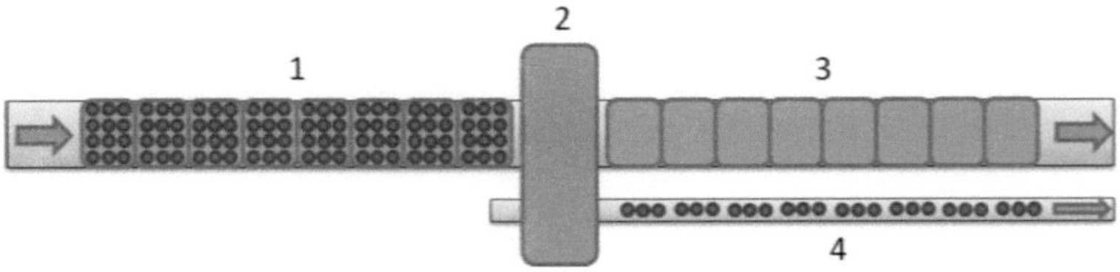

Abb. 7 BM 4 (Flaschen von Kästen trennen)

1. Kästen (gefüllt)
2. Roboter hebt Flaschen aus Kästen
3. Kästen (leer)
4. Flaschen

Die Kästen (gefüllt) werden auf Transportbändern (1) zum ***BM 4*** transportiert. Hier hebt ein Roboter (2) die Flaschen (drei Flaschen je Hub) aus dem Kasten und setzt sie auf das Flaschentransportband (4). Die leeren Kästen fahren weiter auf dem Kastentransportband in Richtung Kastenwaschmaschine (3).

2.4.1.5 BM 5: Kästen reinigen

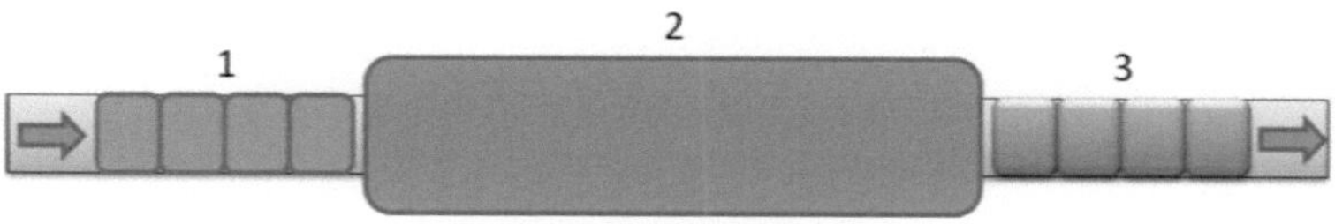

Abb. 8 BM 5 (Kästen reinigen)

1. Kästen (ungereinigt)
2. Kastenwaschmaschine
3. Kästen (gereinigt)

Die Kästen werden auf dem Kastentransportband angeliefert und fahren durch eine Kastenwaschmaschine (***BM 5***). Bei langsamer Fahrt werden diese gründlich gewaschen.

2.4.1.6 BM 6: Kästen zwischenlagern

Die leeren, gereinigten Kästen fahren weiter auf dem Kastentransportband in einen Kastenspeicher (***BM 6***). Dieser stapelt die Kästen übereinander und gibt sie bei Bedarf wieder frei.

2.4.1.7 BM 7: Flaschen prüfen

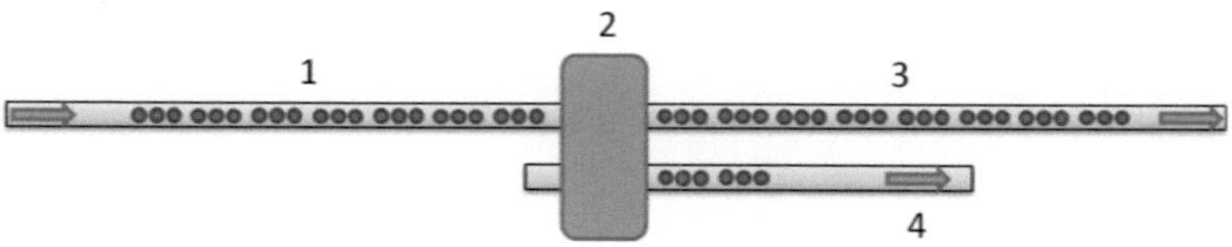

Abb. 9 BM 7 (Flaschen prüfen)

1. Flaschen vor Prüfung
2. Flaschenprüfmaschine
3. Flaschen nach Prüfung
4. Aussortierte Flaschen

Die Flaschen werden auf Transportbändern (1) zu ***BM 7*** transportiert. Hier werden Sie mit einer Flaschenprüfmaschine (2) auf Beschädigungen, gefährliche Inhaltsstoffe und Festkörper untersucht. Betroffene Flaschen werden aussortiert (4), alle anderen weitertransportiert (3). Das Prüfen der Flaschen erfolgt jeweils vor und nach der Flaschenreinigung, wofür zwei identische Maschinen vorgesehen sind.

2.4.1.8 BM 8: Flaschen zwischenlagern

Die Flaschen werden auf Transportbändern zu einem Speichertisch (***BM 8***) transportiert. Dieser verbreitert den Transportweg, ordnet die Flaschen nebeneinander an und kann dadurch eine große Anzahl an Flaschen speichern. Defekte Flaschen welche vorher aussortiert wurden, können hier durch neue Flaschen ersetzt werden. Das gesamte System verfügt über insgesamt zwei Speichertische, einen vor und einen nach der Flaschenreinigung.

2.4.1.9 BM 9: Flaschen reinigen

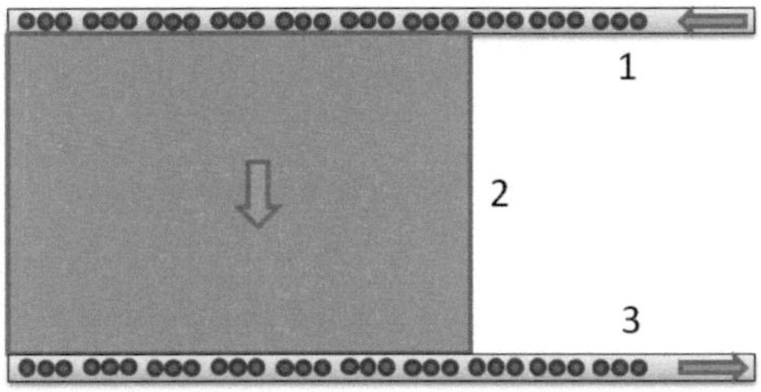

1. Flaschen vor Reinigung
2. Flaschenwaschmaschine
3. Flaschen nach Reinigung

Abb. 10 BM 9 (Flaschen reinigen)

Die Flaschen werden auf Transportbändern angeliefert (1) und in die Flaschenwaschmaschine (***BM 9***) transportiert (2). Dort werden die Flaschen in verschiedenen Lauge- und Wasserbädern gereinigt. Die sauberen Flaschen verlassen die Waschmaschine auf einem Transportband (3).

2.4.1.10 BM 10: Flaschen füllen, schließen, etikettieren

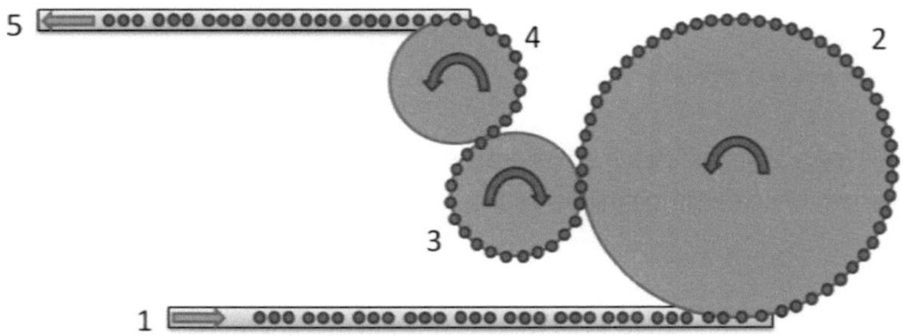

Abb. 11 BM 10 (Flaschen füllen, schließen, etikettieren)

1. Zufuhr der gereinigten Flaschen
2. Flaschen mit Quellwasser füllen (Füller)
3. Flaschen verschließen (Schließer)
4. Flaschen etikettieren (Etikettierer)
5. Abtransport der Flaschen

Die Flaschen werden auf Transportbändern angeliefert (1), von einer Greifvorrichtung erfasst und in den Füller gehoben. Hier werden sie mit Quellwasser gefüllt, anschließend verschlossen und etikettiert. Die gesamte Einheit besteht aus Füller (2), Schließer (3) und Etikettierer (4) und ist ein zusammenhängendes Aggregat (***BM 10***). Die Flaschen werden danach wieder auf Transportbänder gesetzt und abtransportiert (5).

2.4.1.11 BM 11: Flaschen in Kästen setzen

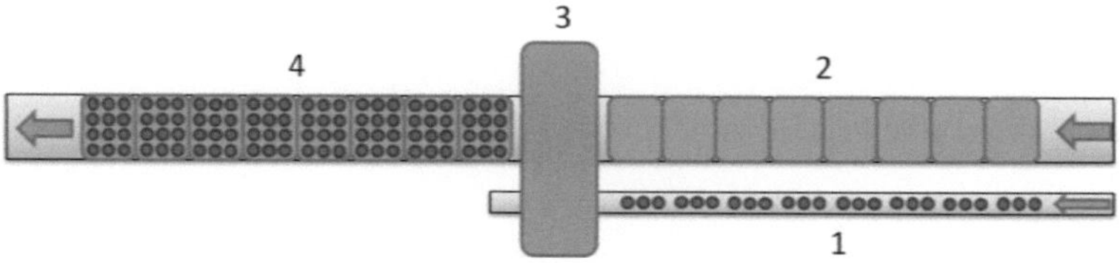

Abb. 12 BM 11 (Flaschen in Kästen setzen)

1. Flaschen (einzeln)
2. Kästen (leer)
3. Roboter hebt Flaschen in Kästen
4. Kästen (gefüllt)

Flaschen (1) und Kästen (2) werden auf den jeweiligen Transportbändern zu ***BM 11*** transportiert. Hier greift ein Roboter (3) die Flaschen und setzt sie (drei je Hub) in die Kästen.

2.4.1.12 BM 12: Kästen und Flaschen auf Paletten setzen

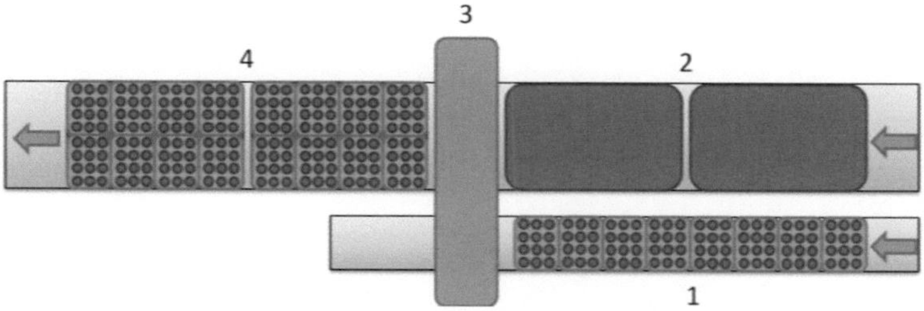

Abb. 13 BM 12 (Kästen und Flaschen auf Paletten setzen)

1. Kästen (gefüllt)
2. Paletten (leer)
3. Roboter hebt Kästen auf Paletten
4. Paletten mit Kästen (gefüllt)

Kästen (1) und Paletten (2) werden auf den jeweiligen Transportbändern zu ***BM 12*** transportiert. Hier greift ein Roboter (3) die Kästen und setzt sie (einer je Hub) auf die Paletten.

2.4.2 Lagerbereiche

Abb. 14 Lagerbereiche (aufgeteilt in drei Hauptkategorien)

Die benötigten Lagerbereiche ergeben sich aus den Anforderungen der Produktionslinie.

Leergut:

Das Leergut (Flaschen und Kästen auf Paletten) muss zwischen Entladung der LKW´s und Beladung der Produktionslinie zwischengelagert werden. Hierfür werden Regalsysteme mit entsprechender Lagerkapazität benötigt.

Ersatzmaterial:

Beschädigte Paletten, Kästen und Flaschen müssen durch neue ersetzt werden. Die Lagerung der Ersatzmaterialien erfolgt ebenfalls in Regalsystemen.

Quellwasser:

Das Quellwasser wird von der Quelle zum Fabrikgelände gepumpt. Dort soll es in zwei großen Tanks zwischengelagert werden, um Qualitätsüberwachung und reibungslosen Produktionsablauf zu gewährleisten. Beide Tanks werden außerhalb der Produktionshalle angeordnet.

Pufferspeicher für Paletten, Kästen und Flaschen:

Eine Produktionslinie benötigt aufgrund der unterschiedlichen Arbeitsgeschwindigkeiten der enthaltenen Betriebsmittel verschiedene Zwischenspeicher (Puffer). Sie sollen Störungen in der Produktion ausgleichen und einen konstanten Produktionsablauf gewährleisten. Paletten und Kästen werden platzsparend übereinander gestapelt, Flaschen auf Speichertischen nebeneinander angeordnet. Alle Speichersysteme müssen so dimensioniert werden, dass der Produktionsablauf bei kurzfristigem Ausfall eines Betriebsmittels nicht komplett unterbrochen werden muss.

2.4.3 Sozialtrakt

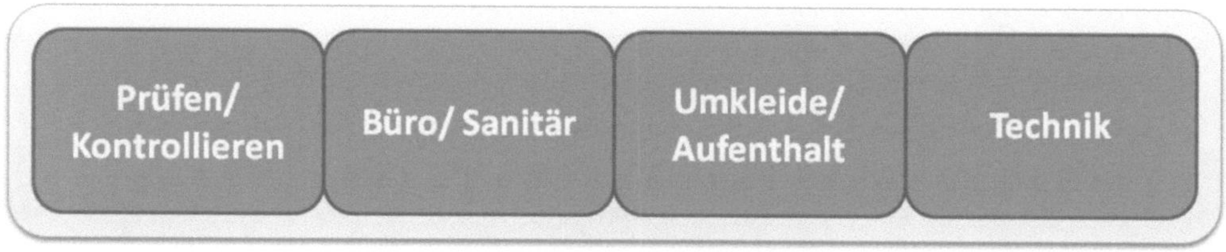

Abb. 15 Sozialtrakt (aufgeteilt in vier Bereiche)

Der Sozialtrakt kann in einem Komplex zusammengefasst und innerhalb der Fabrikhalle angeordnet werden. Die folgenden Bereiche werden benötigt:

- Prüf- und Kontrollbereich
- Büro- und Sanitärbereich
- Umkleide- und Aufenthaltsbereich
- Technikraum

2.4.4 Gesamtbedarf für das Fabrikgelände

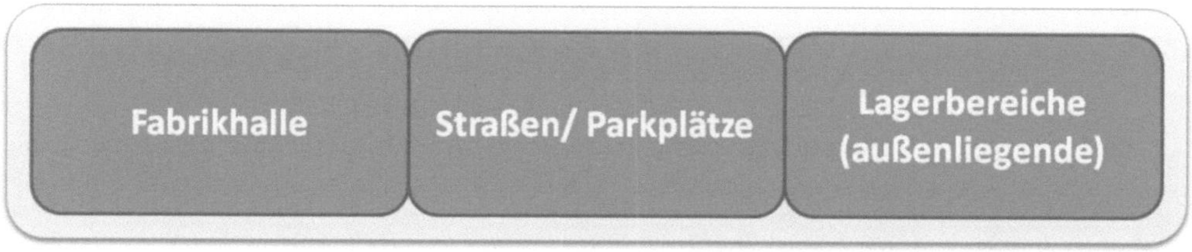

Abb. 16 Gesamtbedarf für das Fabrikgelände (schematische Darstellung)

Der gesamte Platzbedarf für das Fabrikgelände wird durch die folgenden Bereiche definiert:

- Fabrikhalle (Produktion, Sozialtrakt)
- Straßen/ Parkplätze (LKW und PKW)
- Lagerbereiche (Regalsysteme, Wassertanks)

Das nächste Kapitel soll einen kurzen Einblick in den Programmaufbau und die Benutzeroberfläche von ***Autodesk® AutoCAD® 2013*** bieten. Sollten Sie das Programm noch nicht geöffnet haben, starten Sie es bitte jetzt.

3 Grundlagen zum Programm

3.1 Grafische Programmoberfläche

Die Programmoberfläche kann in folgende Bereiche unterteilt werden:

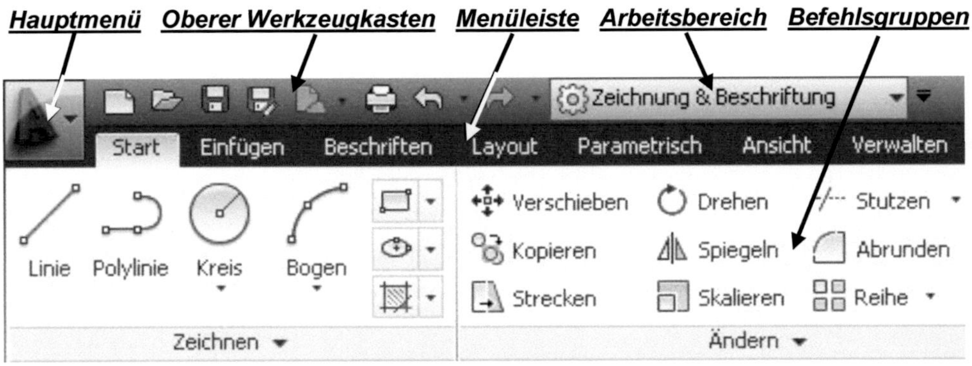

Abb. 17 Oberer Bereich der Programmoberfläche

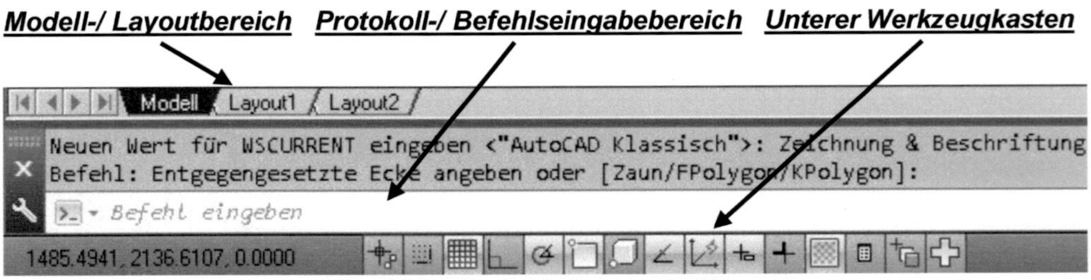

Abb. 18 Unterer Bereich der Programmoberfläche

Das ***Willkommen-Fenster*** wird standardmäßig beim Start des Programms geöffnet. Hier können Dateien erstellt oder geöffnet und Lernmodule gestartet werden. Mit der Option ***Beim Start anzeigen*** (unten links) kann dieser automatische Start deaktiviert werden.

3.2 Hauptmenü

Abb. 19 Das Hauptmenü

Die folgenden Befehle finden Sie im Hauptmenü:

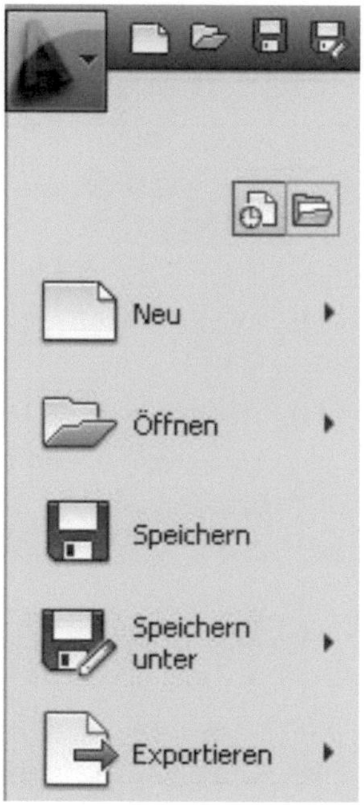

Abb. 20 Auszug aus dem Hauptmenü

FUNKTION

- Öffnet das Hauptmenü

OPTIONEN

- Anzeige der zuletzt verwendeten Dokumente
- Anzeige der aktuell geöffneten Dokumente
- Neue Datei erstellen
- Öffnen
- Speichern
- Speichern unter
- Exportieren
- Publizieren
- Drucken
- Zeichnungsprogramme
- Datei schließen
- Optionen Öffnet die Programmoptionen
- AutoCAD 2013 beenden Beendet das Programm

3.2.1 Neue Datei erstellen

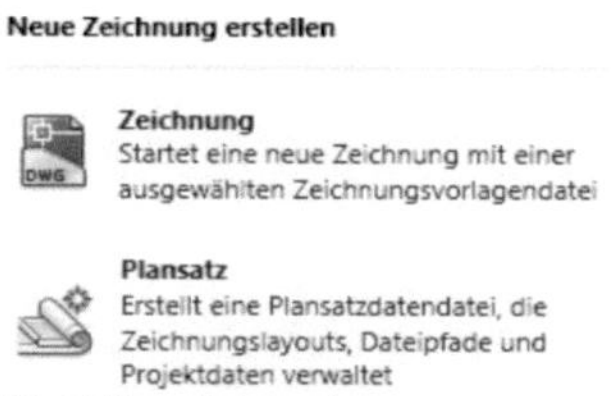

Abb. 21 Neue Datei erstellen

Abb. 22 Vorlage wählen (neue Zeichnung)

FUNKTION

- Erstellt eine neue Zeichnung oder einen Plansatz

OPTIONEN

- Erstellt eine neue Zeichnung (Vorlagenauswahl)
- Erstellt einen neuen Plansatz

HINWEIS

- Eigene Zeichnungsvorlagen können unter dem Pfad: [Hauptmenü > Speichern unter > Dateityp: AutoCAD-Zeichnungsvorlage (DWT)] gespeichert werden.
- Ein Plansatz ist eine Gruppe zusammengehöriger Dateien.

3.2.2 Öffnen einer vorhandenen Datei

Abb. 23 Öffnen einer Datei

FUNKTION

- Dateien (Zeichnung/ Plansatz) öffnen, DGN-Dateien importieren, Beispieldateien öffnen

OPTIONEN

- Öffnet eine Zeichnung
- Öffnet einen Plansatz
- Importiert Daten aus einer DGN-Datei
- Öffnet eine Zeichnung aus der Cloud
- Öffnet eine Beispieldatei

OPTIONEN

- Die Cloud ermöglicht den direkten Zugang zu Funktionen, Produkten und Daten auf einem Autodesk®-Server.

3.2.3 Speichern der aktuellen Datei

Speichert den aktuellen Stand der geöffneten Datei.

3.2.4 Speichern unter

FUNKTION

- Speichert die Datei als Zeichnung (lokal/ Cloud), Zeichnungsvorlage, Zeichnungsstandard oder in einem sonstigen Format

OPTIONEN

- Datei als Zeichnung (DWG) speichern (lokal)
- Datei als Zeichnung (DWG) speichern (Cloud)
- Datei als Zeichnungsvorlage (DWT) speichern

Abb. 24 Speichern unter

- Datei als Zeichnungsstandard (DWS) speichern
- Datei unter anderem Format speichern
- Layoutobjekte als Zeichnung speichern
- Datei in das DWG-Format konvertieren

HINWEIS

- Der Befehl ***Layout als Zeichnung speichern*** funktioniert nur im Layoutbereich (Papierbereich).

3.2.5 *Exportieren*

Abb. 25 Exportieren (Auszug)

FUNKTION

- Exportiert die aktuelle Datei in ein anderes Format

OPTIONEN

- Exportiert die Datei in ein DWF-Format
- Exportiert die Datei in ein DWFx-Format
- Exportiert die Datei in ein 3D-DWF-Format
- Exportiert die Datei in ein PDF-Format
- Exportiert die Datei in ein DGN-Format
- Exportiert die Datei in ein FBX-Format
- Exportiert die Datei in ein anderes Format

3.2.6 *Drucken*

FUNKTION

- Gibt eine oder mehrere Dateien an einen Drucker weiter

OPTIONEN

- Sendet Zeichnungsdaten an einen Drucker
- Sendet mehrere Zeichnungen an einen Drucker
- Zeigt eine Voransicht des Druckbildes

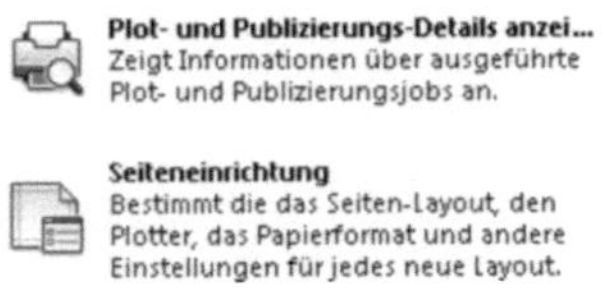

Abb. 26 Drucken (Auszug)

- Übersicht über alle Druckaufträge
- Öffnet die Optionen für die Seiteneinrichtung
- Startet den Plot-Manager
- Verwaltet die Plot-Stile (Plot-Manager)
- Bearbeitet existierende Plotstiltabellen

3.2.7 Publizieren

Abb. 27 Publizieren

FUNKTION

- Sendet die Informationen der Volumenkörper aus der Zeichnung an einen 3D-Druckdienst oder archiviert komplette Plansätze

OPTIONEN

- Sendet Daten an einen 3D-Druckdienst
- Archiviert die aktuelle Plansatzdatei
- Erzeugt ein Paket der Zeichnungsdaten und deren zugehörige Referenzen
- Sendet die Datei als E-Mail
- Lädt mehrere Dateien in die Cloud

3.2.8 Zeichnungsprogramme

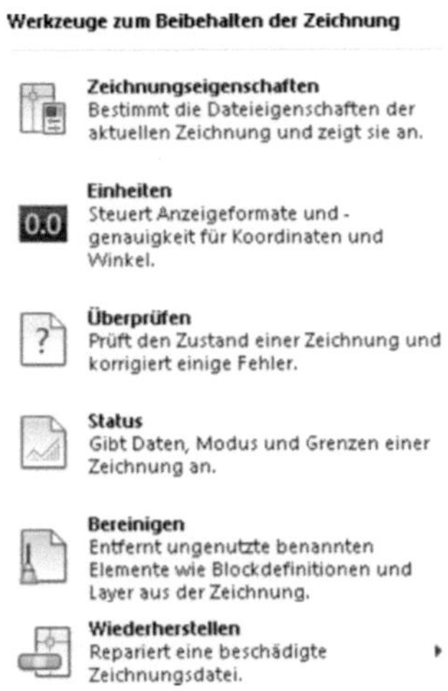

FUNKTION

- Enthält Werkzeuge, um Zeichnungen bearbeiten/ reparieren zu können

OPTIONEN

- Öffnet die Zeichnungseigenschaften
- Öffnet das Eingabefenster der Einheiten
- Prüft die Zeichnung auf vorhandene Fehler
- Öffnet ein Fenster mit diversen Dateidaten
- Löscht unbenutzte Elemente aus der Datei
- Repariert eine Datei

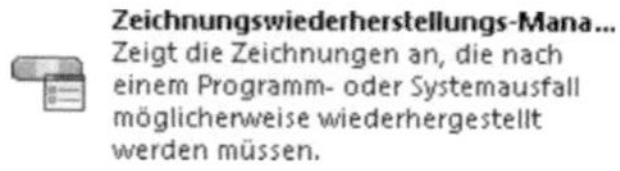

Abb. 28 Zeichnungsprogramme

- Repariert eine Datei mittels XRefs
- Zeichnungswiederherstellungs-Manager öffnen

3.2.9 Schließen

Abb. 29 Schließen

FUNKTION

- Schließt die aktuelle Zeichnung oder alle geöffneten Zeichnungen

3.2.10 Optionen

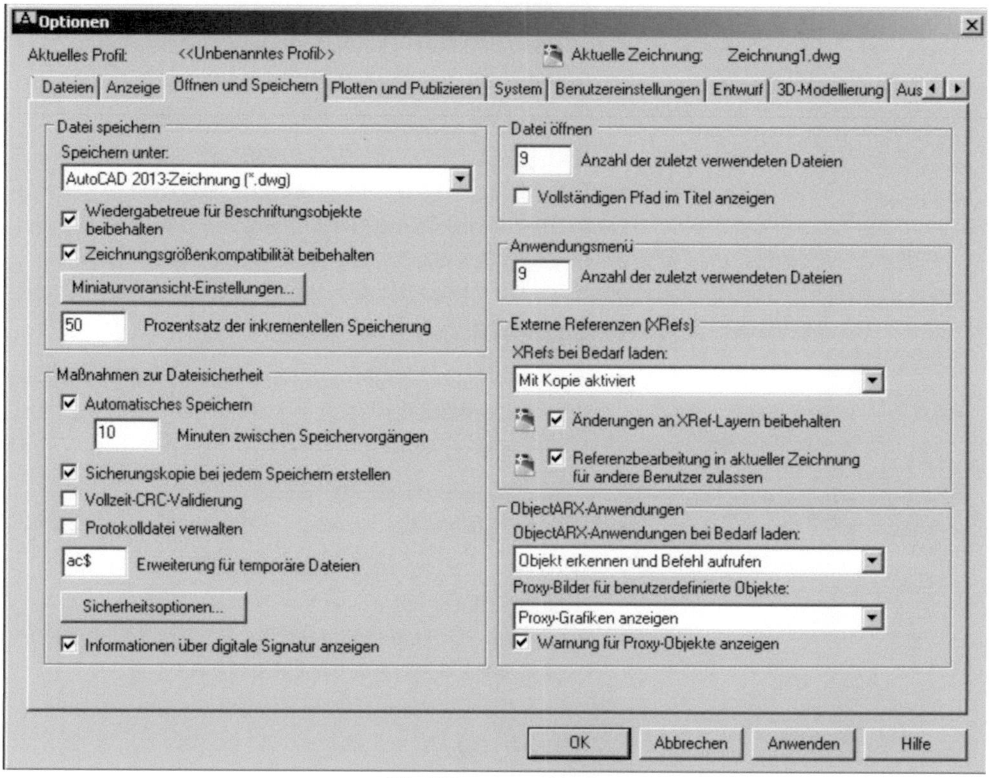

Abb. 30 Programmoptionen

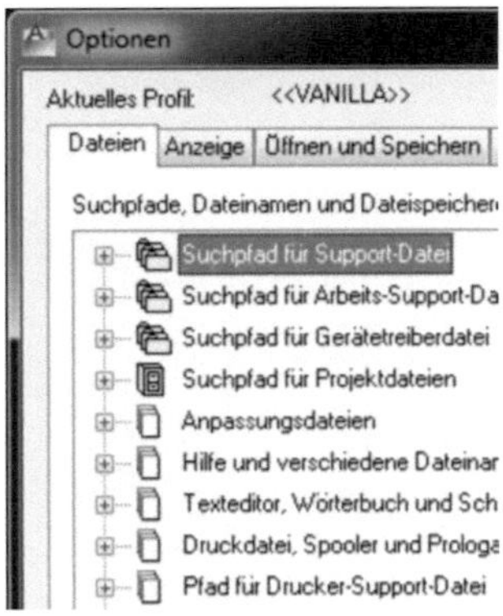

Abb. 31 Register Dateien

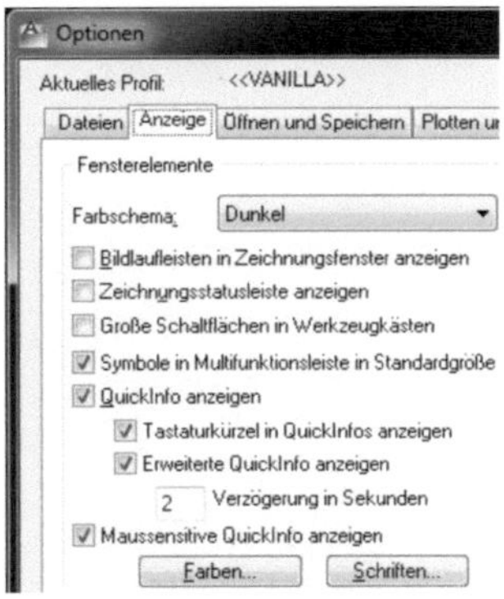

Abb. 32 Register Anzeige

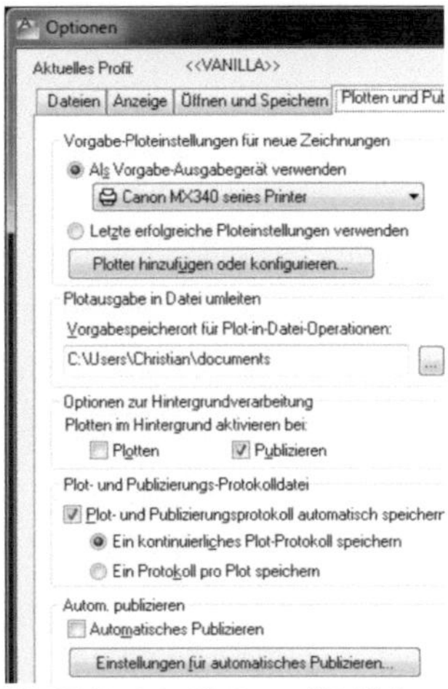

Abb. 33 Register Plotten und Publizieren

FUNKTION

- Öffnet die Programmoptionen

OPTIONEN

- Register: Dateien
- Speicherorte für Treiber, Dateien, Programmdaten

- Register: Anzeige
- Fenster- und Layoutelemente, Bildschirmauflösung, Bildschirmleistung, Fadenkreuzgröße und Fading-Steuerung

- Register: Öffnen und Speichern
- Dateien speichern/ öffnen, Anwendungsmenü, externe Referenzen und ObjectARX-Anwendungen

- Register: Plotten und Publizieren
- Plot-Einstellungen, Hintergrundverarbeitung, automatisches Publizieren, Plot-Optionen, Plot-Markierung, Plot-Stil-Tabellen

- Register: System
- 3D-Leistung, Layout-Regenerierung, Zeigegerät, Datenbankverbindung

- Register: Benutzereinstellungen
- Windows-Standardverhalten, Benutzereinstellungen

- Register: Entwurf
- AutoSnap, Objektfang, AutoTrack, Auswahl für Ausrichtepunkt und Größe der Öffnung

- Register: 3D-Modellierung
- 3D-Fadenkreuze, ViewCube/ BKS-Symbol, 3D-Objekte, 3D-Navigation und dynamische Eingabe

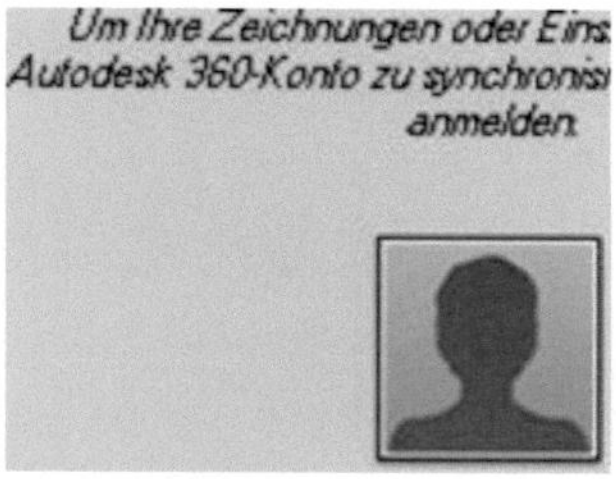

Abb. 34 Register Online

- Register: Auswahl
- Pickbox-Größe, Auswahlvoransicht, Auswahlmodi, Optionen der Multifunktionsleisten und Griffe

- Register: Profil
- Übersicht der Profile, Bearbeitungsoptionen

- Register: Online
- Einstellungen in der Cloud vornehmen

3.3 Menüleiste

Abb. 35 Menüleiste

Die ***Menüleiste*** beinhaltet eine Übersicht aller Befehle nach der klassischen Programmanordnung (altes Programmlayout). Um die Ansicht dieser Leiste zu aktivieren, klicken Sie auf das in Abb. 35 mit ***A*** markierte Symbol und wählen dort die Option ***Menüleiste anzeigen***. Neben der Option, die Befehle über die Multifunktionsleisten zu starten, können diese hier auch über die Bereiche der Menüleiste verwendet werden. Die Befehlseingabe über die Menüleiste wird in diesem Buch nicht behandelt.

3.4 Oberer Werkzeugkasten (Schnellzugriff-Werkzeugkasten)

Abb. 36 Oberer Werkzeugkasten

Der ***Schnellzugriff-Werkzeugkasten*** enthält häufig verwendete Befehle. Um Befehle ein- oder auszublenden, muss auf das mit ***A*** gekennzeichnete Symbol geklickt und die entsprechenden Haken gesetzt werden. Die Befehle können alternativ über das Hauptmenü oder die einzelnen Befehlsgruppen der Multifunktionsleisten gestartet werden.

3.4.1 Arbeitsbereich

Abb. 37 Arbeitsbereich

Abb. 38 Arbeitsbereich (Auswahlmenü)

FUNKTION

- Arbeitsbereich öffnen oder aktuelle Einstellungen speichern (Abb. 38)

OPTIONEN

- Öffnet einen der vorhandenen Standardarbeitsbereiche (2D-Zeichnung und Beschriftung, 3D-Grundlagen, 3D-Modellierung, Klassisch) oder speichert die aktuellen Einstellungen unter einem eigenen Namen (neuer Arbeitsbereich) ab.

3.4.2 Durchsuchen

Durchsucht das Programm nach einem Befehl. Der gesuchte Befehl wird in das links nebenstehende Fenster eingetragen und die Suche mit dem Fernglas-Symbol (alternativ [ENTER]) gestartet. Das Programm benötigt hierbei einen Zugriff auf das Internet. Alternativ kann die Hilfedatei vom Autodesk®-Server geladen und lokal installiert werden. Der Download-Link für die deutschsprachige Hilfedatei lautet:

- http://images.autodesk.com/adsk/files/autocad_help_2013_german_win_64_32bit.exe

3.4.3 Autodesk 360, Exchange, Updates, Hilfe

- Meldet den Anwender an den Autodesk® 360 Online-Service an.
- Öffnet Informationen, Hilfen, Downloads oder die Autodesk®-Community.
- Sucht nach aktuellen Programm-Updates.
- Öffnet die Autodesk®-Hilfe. Auch hier ist eine Verbindung zum Internet oder der Download der Hilfedatei erforderlich.

3.5 Registerkarten

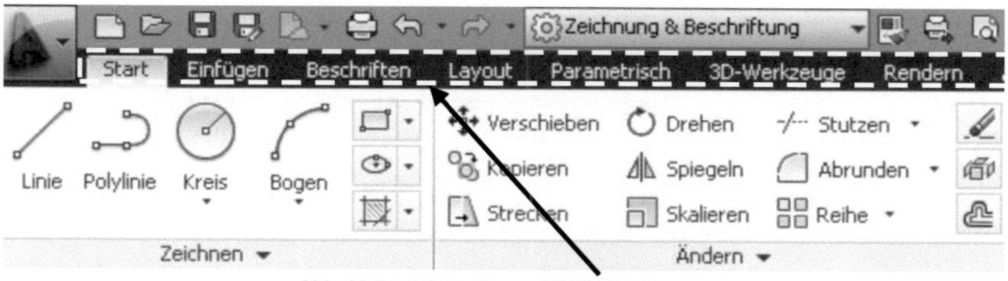

Abb. 39 Registerkarten und Befehlsgruppen

Registerkarten (Start, Einfügen, Beschriften ...) beinhalten diverse Befehlsgruppen und Befehle. Jede Registerkarte kann ein- oder ausgeblendet werden. Klicken Sie auf eines der Register und wählen Sie mit der ***rechten Maustaste*** die Option ***Registerkarten anzeigen***. Um die in den Registerkarten enthaltenen Befehlsgruppen (Zeichnen, Ändern, Layer ...) ein- oder auszublenden, wählen Sie die Option ***Gruppen anzeigen***.

3.6 Protokoll und Befehlseingabebereich

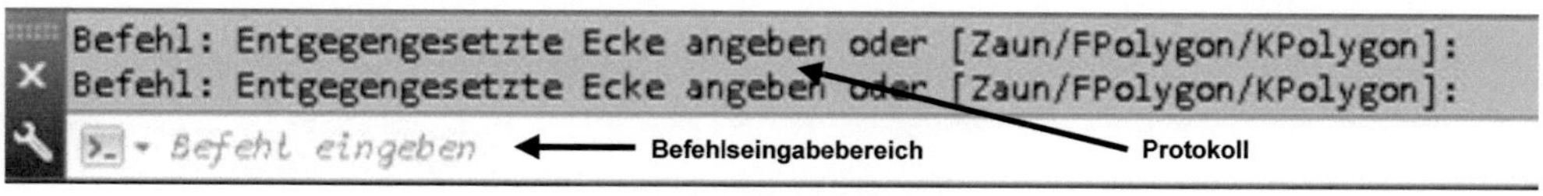

Abb. 40 Protokoll und Befehlseingabebereich

Das ***Protokoll*** zeigt eine Übersicht der letzten Befehlseingaben. Im ***Befehlseingabebereich*** können Werte und Tastaturbefehle eingegeben werden. Alternativ kann [F2] verwendet werden, um das AutoCAD®-Textfenster zu öffnen.

3.7 Unterer Werkzeugkasten

3.7.1 Koordinatenanzeige

Abb. 41 Unterer Werkzeugkasten

Der linke Bereich des unteren Werkzeugkastens zeigt die aktuelle Position des Mauszeigers im Modell- und Layoutbereich (relativ zum Koordinatenursprung). Im restlichen Bereich der Leiste befinden sich weitere, häufig verwendete Befehle. Um einen Befehl anzeigen zu lassen, muss der Mauszeiger länger als eine Sekunde darübergehalten werden.

3.7.2 Abhängigkeiten ableiten

Abb. 42 Ableiten der horizontalen (L) und vertikalen (R) Abhängigkeit

Leitet bei aktiviertem Befehl während des Zeichnens automatisch Abhängigkeiten ab. Vorhandene Abhängigkeiten können im Register ***Parametrisch*** > ***Geometrisch*** ein- oder ausgeblendet werden. Vorhandene Abhängigkeiten können gelöscht werden, indem die betreffende Abhängigkeit markiert und dann mit der ***rechten Maustaste*** die Option ***Löschen*** (alternativ [Entf]) gewählt wird.

3.7.3 Fangmodus

Bei aktivierter Option bewegt sich der Mauszeiger entlang eines Rasters. Hierbei ist es nicht notwendig, das Raster vorher einzublenden. Der Tastaturbefehl [Fang] aktiviert weitere Optionen (Ein, Aus, Aspekt, Stil oder Typ).

3.7.4 Rasteranzeige

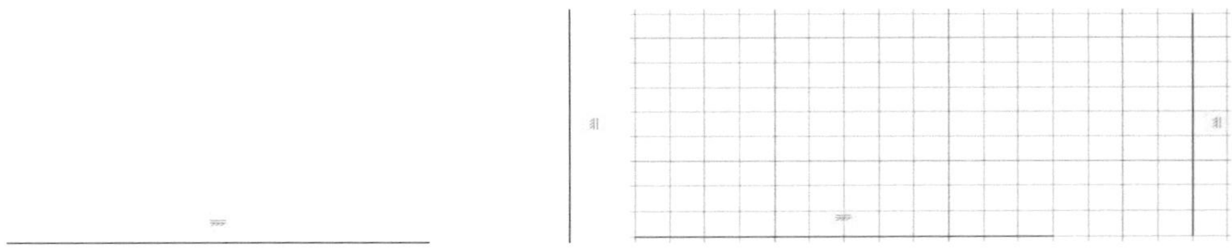

Abb. 43 Rasteranzeige: (L) aktiviert, (R) deaktiviert

Bei aktivierter Option wird das Raster eingeblendet. Um den Rasterabstand zu bearbeiten muss mit der ***rechten Maustaste*** auf ***Rasteranzeige*** geklickt und der Pfad ***Einstellungen*** > ***Fang und Raster*** gewählt werden. Die Abstandswerte können dort unter ***Rasterabstand*** definiert werden.

3.7.5 Ortho-Modus

Abb. 44 Ortho-Modus: (L) deaktiviert, (R) aktiviert

Bei aktiviertem Ortho-Modus ist ein freies Zeichnen (z. B. einer Linie) nur in vertikaler oder horizontaler Richtung möglich (relativ zum BKS). Beim Zeichnen der Linie im rechten Bild wurde der Befehl aktiviert, links deaktiviert.

3.7.6 Spurverfolgung

Abb. 45 Spurverfolgung: (L) deaktiviert, (R) aktiviert

Bei aktivierter Spurverfolgung fängt das Programm vordefinierte Winkel in 90°-Schritten. Ein Zeichnen außerhalb dieser vordefinierten Winkel ist trotzdem möglich. Diese Option bietet also lediglich eine Fangoption. Im rechten Bild wurde der Winkel 90° (im UZS) erfasst.

3.7.7 Objektfang

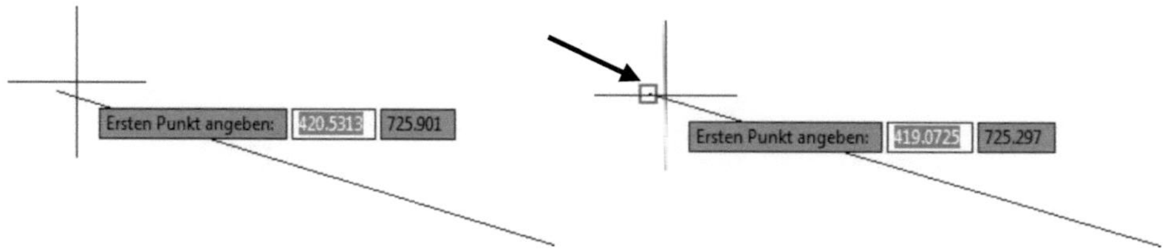

Abb. 46 Objektfang: (L) deaktiviert, (R) aktiviert

Fängt den Punkt eines Objektes. So kann ein sauberes Zeichnen gewährleistet und unterschiedliche geometrische Elemente eindeutig aneinandergesetzt werden. Welche Objektpunkte gefangen werden sollen und welche nicht, kann mittels ***rechter Maustaste*** auf das Symbol und der Option ***Einstellungen*** > ***Objektfang*** definiert werden. Die temporäre Auswahl eines bestimmten Objektfangmodus für den folgenden Arbeitsschritt kann mittels ***rechter Maustaste*** auf das Symbol und anschließender Auswahl der gewünschten Fangmethode festgelegt werden. Im rechten Bild z. B. wurde mit dem Objektfang der Startpunkt der markierten Linie gefangen.

3.7.8 3D-Objektfang

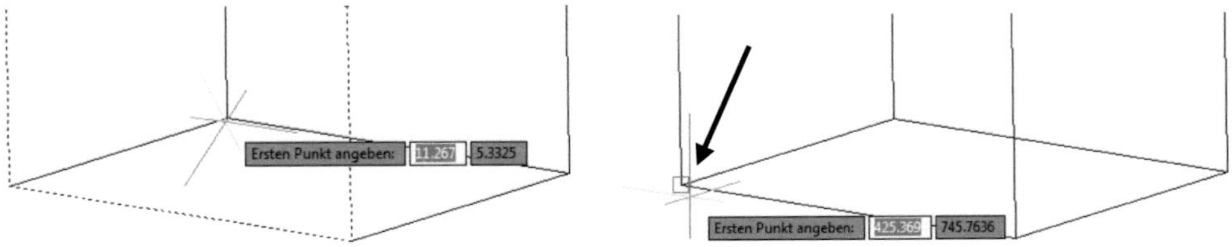

Abb. 47 3D-Objektfang: (L) deaktiviert, (R) aktiviert

Der 3D-Objektfang funktioniert wie der 2D-Objektfang und wurde um weitere Fangoptionen erweitert.

3.7.9 Objektfangspur

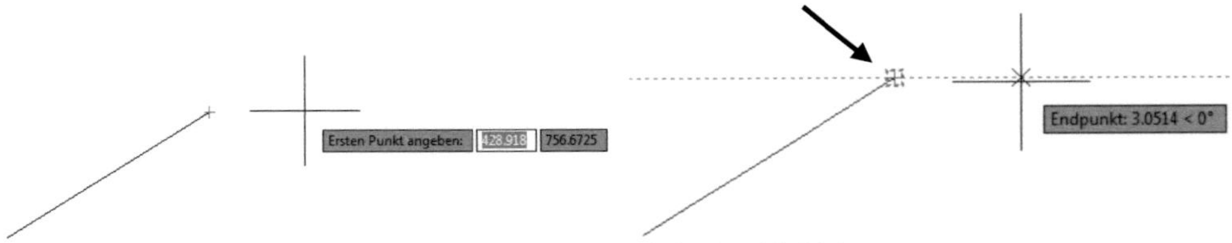

Abb. 48 Objektfangspur: (L) deaktiviert, (R) aktiviert

Bei aktivierter Objektfangspur erzeugt das Programm eine (lineare) fiktive Verlängerung der Mauszeigerspur. Entlang dieser Linie können dann neue Objekte erzeugt werden.

3.7.10 Dynamisches BKS zulassen/ nicht zulassen

Ein dynamisches BKS (Benutzerkoordinatensystem) ist ein temporäres Verschieben des Koordinatenursprungs an eine neue Position, um einen Volumenkörper in einer räumlich verschobenen/ verdrehten Position erzeugen zu können. Der Befehl ermöglicht das Zulassen/ Unterdrücken dieser Option.

3.7.11 Dynamische Eingabe

Die aktivierte dynamische Eingabe ermöglicht es, Objekte mittels Tastatureingabe zu zeichnen, ohne die Punkte mit der linken Maustaste ablegen zu müssen. Mit [Tab] gelangt man in die jeweiligen Eingabereiche und wechselt zwischen ihnen. [Enter] bestätigt die Eingabe nach jedem Punkt. Bereits während des Zeichnens können somit Position und Geometrie eines Objektes genau definiert werden.

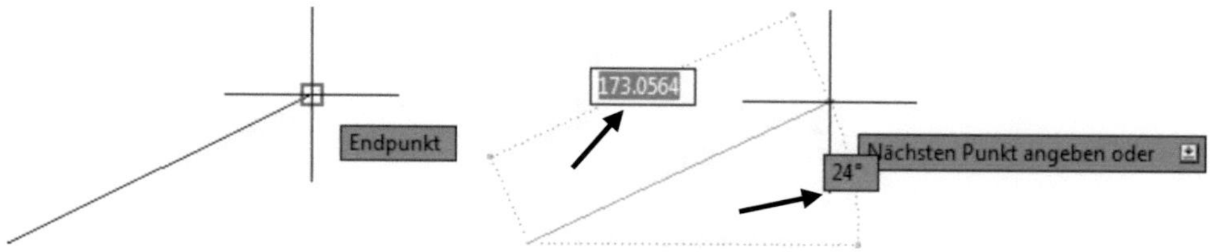

Abb. 49 Dynamische Eingabe: (L) deaktiviert, (R) aktiviert

3.7.12 Linienstärke anzeigen/ ausblenden

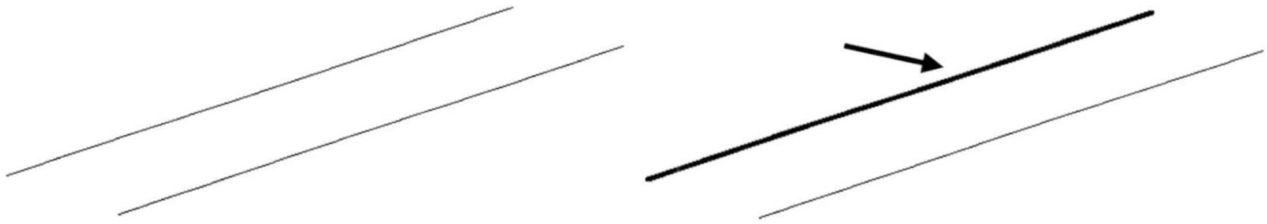

Abb. 50 Linienstärke ein-/ ausblenden

Sollten Sie verschiedene Linienstärken beim Zeichnen verwenden, können diese während des Zeichnens ein- oder ausgeblendet werden. Die Linienstärke eines Objektes kann unter ***Start*** > ***Eigenschaften*** > ***Linienstärke*** geändert oder das Objekt im Bereich ***Start*** > ***Layer*** > ***In aktuellen Layer ändern*** einem Layer (mit einer anderen Linienstärke) zugewiesen werden.

3.7.13 Transparenz aktivieren/ deaktivieren

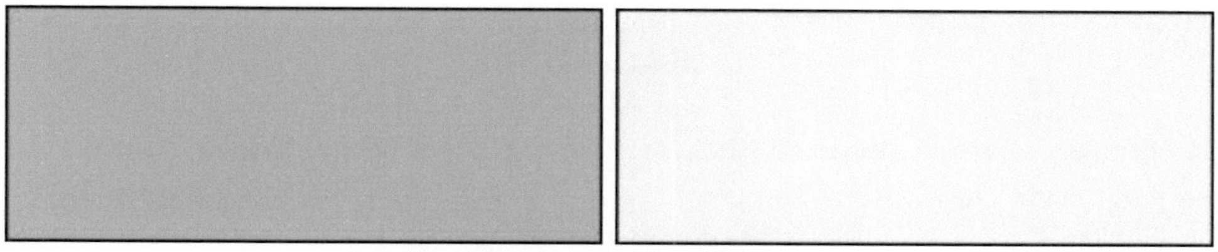

Abb. 51 Transparenz aktivieren/ deaktivieren

Sollte ein Objekt mit einer Transparenz versehen sein, kann diese ein- oder ausgeschaltet werden. In Abb. 51 wurde ein Rechteck mit einer Transparenz von 85 % versehen. Im linken Bild ist die Sichtbarkeit der Transparenz deaktiviert, im rechten Bild aktiviert.

3.7.14 Schnelleigenschaften

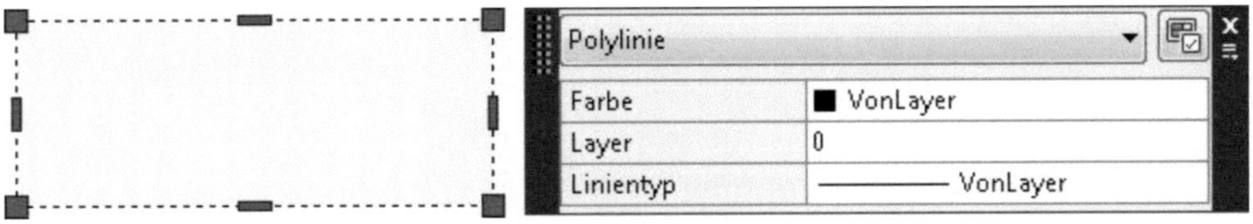

Abb. 52 Schnelleigenschaften

Sobald bei aktivierter Option auf ein Objekt geklickt wird (einfacher Klick), öffnet sich das Schnelleigenschafts-Fenster (Abb. 52 rechts). Hier werden die wichtigsten Objekteigenschaften (Typ, Farbe, Layer, Linientyp) aufgezeigt. Die Schnelleigenschaften können alternativ mit einem Doppelklick auf ein Objekt gestartet werden.

3.7.15 Wechselnde Auswahl

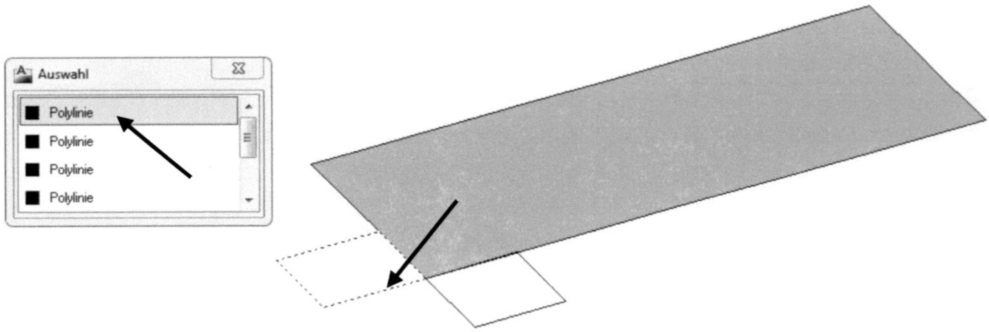

Abb. 53 Wechselnde Auswahl

Sie öffnet ein separates Auswahlfenster (bei z. B. eng aneinander liegenden Objekten) und erleichtert somit die Auswahl. Im oberen Beispiel wurden drei Rechtecke aneinander gezeichnet (Abb. 53 rechts). Eines davon soll aktiviert werden. Da alle drei Rechtecke dicht beieinander liegen, öffnet sich (bei aktivierter Option) das Auswahlfenster (Abb. 53 links) und das gewünschte Objekt kann aus der Liste gewählt werden.

3.7.16 MODELL Modell- oder Papierbereich

Mit einem Klick auf diesen Befehl wechselt das Programm zwischen Modell- und Papierbereich (Layoutbereich). Alternativ können die Reiter Modell / Layout1 ***Modell*** und ***Layout*** verwendet werden.

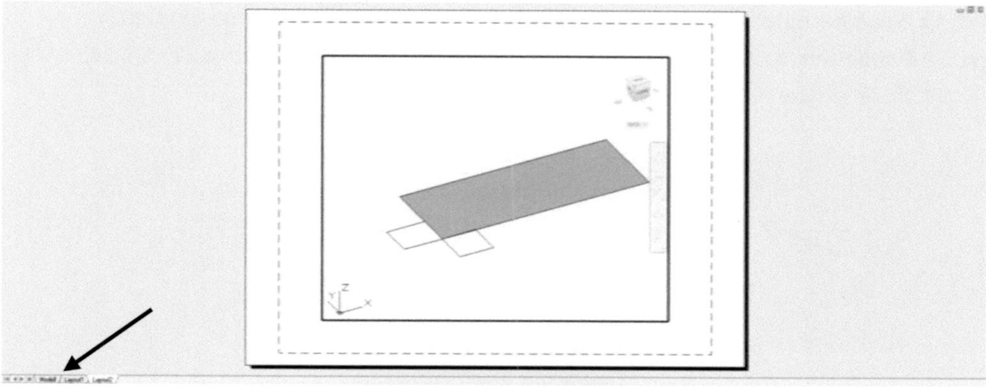

Abb. 54 Modell- und Papierbereich

3.7.17 Schnellansicht-Layouts

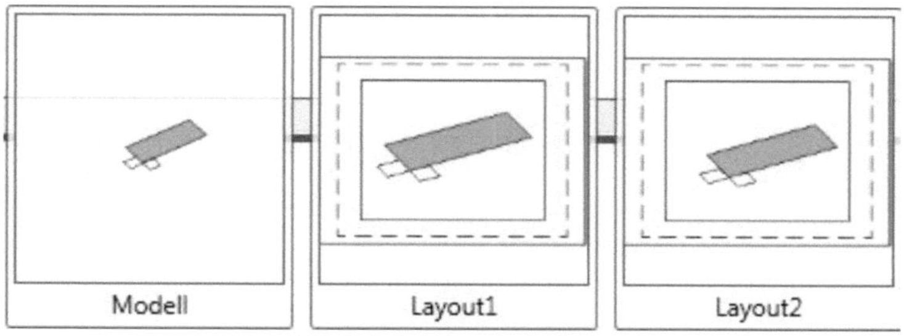

Abb. 55 Schnellansichts-Layouts

Dieser Befehl öffnet eine verkleinerte Vorschau des Modellbereichs und aller vorhandenen Layouts. Die folgenden Optionen öffnen sich ebenfalls:

- ***Drucken*** der ausgewählten Ansicht
- ***Publizieren*** der ausgewählten Ansicht
- ***Fixiert*** die ausgewählte Ansicht
- ***Erstellt*** ein neues Layout
- × ***Schließt*** die Schnellansicht-Layouts

3.7.18 Schnellansicht-Zeichnungen

Öffnet eine verkleinerte Vorschau der Zeichnungsdatei, der Miniaturansichten des Modellbereichs und der vorhandenen Layouts. Die folgenden Optionen öffnen sich weiterhin:

- ***Speichern*** der aktuellen Datei
- ***Schließen*** der aktuellen Datei
- ***Fixieren*** der aktuellen Datei
- ***Erzeugen*** einer neuen Datei
- ***Öffnen*** einer vorhandenen Datei

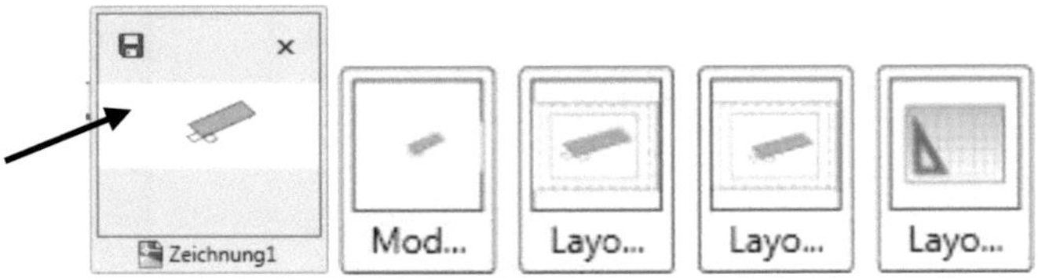

Abb. 56 Schnellansicht-Zeichnungen

Sobald Sie mit der Maus über die Miniaturansichten fahren, vergrößern sie sich. Mit einem Klick auf eine der Miniaturansichten wechseln Sie in diese.

3.7.19 *Beschriftungs-Maßstab*

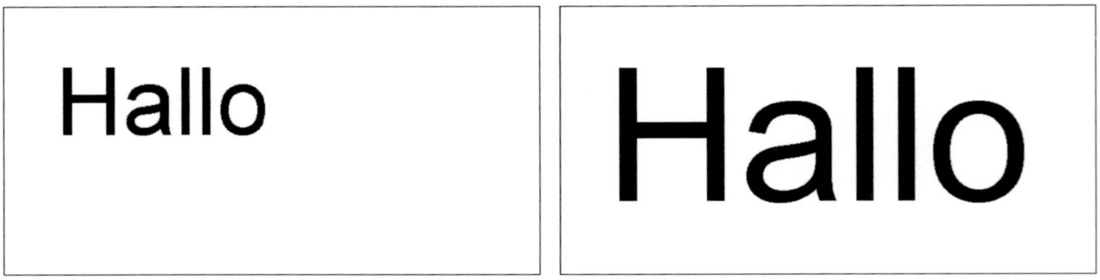

Abb. 57 Beschriftungs-Maßstab: (L) Maßstab 1:1, (R) Maßstab 2:1

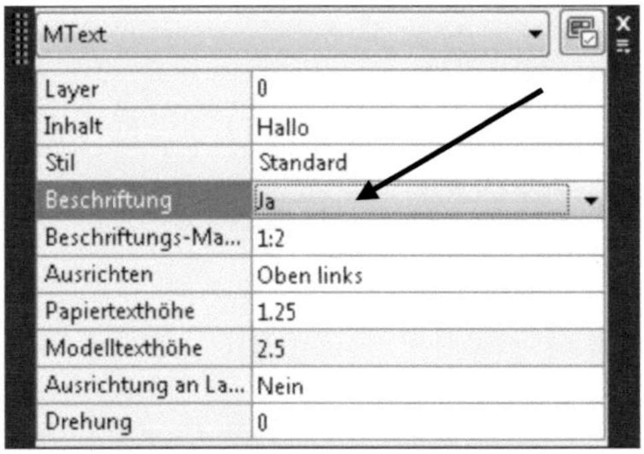

Abb. 58 Beschriftungs-Maßstab (Befehlsfenster)

Der Beschriftungsmaßstab legt das Verhältnis der Ansichtsgröße zwischen Beschriftung und Zeichnungsmaßstab fest. Er wird für Modell- und Layoutbereich gespeichert. Ein Text ist nicht automatisch eine Beschriftung. Um einen Text als Beschriftung zu definieren, muss er markiert und mit der ***rechten Maustaste*** der Pfad ***Eigenschaften*** > ***Beschriftung*** > ***Ja*** gewählt werden (Abb. 57). Der Text passt sich danach automatisch den Änderungen des Beschriftungs-Maßstabes an.

3.7.20 Beschriftungssichtbarkeit

Ist diese Option aktiviert, werden alle in einer Zeichnung vorhandenen Beschriftungen angezeigt. Ist diese Option deaktiviert, werden nur die Beschriftungen im aktuell eingestellten Beschriftungs-Maßstab angezeigt. Alle anderen werden ausgeblendet.

3.7.21 Automatische Maßstäbe

Ist diese Option aktiviert, werden die Maßstäbe der Beschriftungsobjekte automatisch angepasst, sobald sich der Beschriftungs-Maßstab ändert.

3.7.22 Arbeitsbereichswechsel

Dieser Befehl öffnet das nebenstehende Fenster, in welchem die vorhandenen Arbeitsbereiche geöffnet oder neue erzeugt werden können. Änderungen am geöffneten Arbeitsbereich können gespeichert und die ***Arbeitsbereichseinstellungen*** geöffnet werden.

3.7.23 Werkzeugkasten/ Fensterpositionen freigeben

Sperrt/ Entsperrt Werkzeugkästen, Leisten und Fenster. Gesperrte Fenster sind nicht mehr frei beweglich, bis sie wieder entsperrt werden.

3.7.24 Hardwarebeschleunigung ein

Aktiviert die Beschleunigung der Hardware, um ein flüssiges und leistungsfähiges Arbeiten mit dem Programm zu ermöglichen.

3.7.25 Objekte isolieren

Abb. 59 Objekte isolieren: (L) Rechteck und Text, (M) Text Rechteck isoliert,

Objekte können isoliert werden, alle anderen Objekte einer Zeichnung werden ausgeblendet. Abb. 59 zeigt ein Rechteck und einen Text. In der Mitte wurde das Rechteck isoliert, rechts der Text. ***Objektisolierung beenden*** beendet die Isolation.

3.7.26 Vollbild

Hier kann der Zeichenbereich als Vollbild dargestellt, oder in die Ausgangsansicht zurückgewechselt werden. Alternativ [STRG] + [0].

3.8 Modell- und Layoutbereich

3.8.1 Modell Modellbereich

Der Modellbereich ist der Konstruktions- und Zeichenbereich. Er kann gedreht und beliebig ausgerichtet werden.

Folgende Tools finden Sie im Zeichenfenster:

Abb. 60 ViewCube

Der ***ViewCube*** richtet die Ansicht im Modellbereich aus. Aktivieren Sie eine der Blickrichtungen (Oben, Unten, Rechts, Links, Hinten, Vorne ...) oder drehen Sie den Würfel mit gedrückter linker Maustaste darauf (alternativ [Shift] + gedrückte mittlere Maustaste). Mit einem Klick auf das kleine ***Haus*** wird eine isometrische Ansicht eingestellt. Der Klick auf das WKS ***WKS-Zeichen*** öffnet ein Auswahlfenster der vorhandenen Koordinatensysteme. Ein- oder Ausschalten können Sie den ViewCube im Register ***Ansicht*** > ***Fenster*** > ***Benutzeroberfläche***.

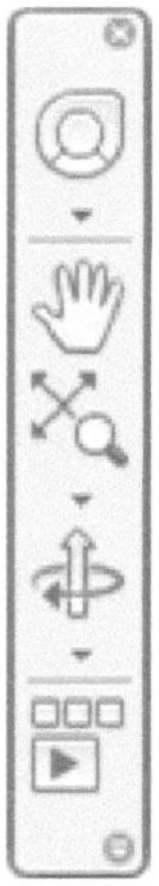

Abb. 61 Navigationsleiste

Die ***Navigationsleiste*** beinhaltet eine Auswahl an Navigationswerkzeugen (Navigationsräder, Pan, Zoomfunktionen, Orbit-Versionen, ShowMotion).

Mit dem kleinen Button unten rechts in der Navigationsleiste können die Navigationswerkzeuge ein-/ ausgeblendet und die Fixierungsposition der beiden Navigationswerkzeuge ViewCube und Navigationsleiste im Modellbereich festgelegt werden.

3.8.2 Layout1 Papierbereich (Layoutbereich)

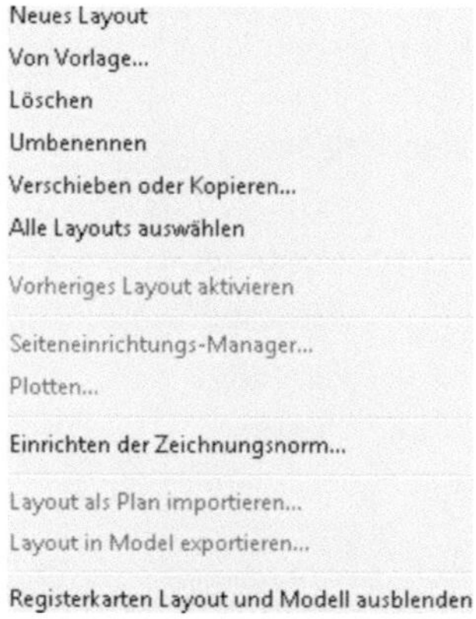

Abb. 62 Auswahloptionen der rechten Maustaste (auf ein Layoutregister)

Der ***Papierbereich*** (Layoutbereich) bringt die im Modellbereich erzeugten Ergebnisse in ein druckfertiges Format. Üblicherweise hat jede Zeichnung neben dem Modellbereich mehrere Layouts. Jedes Layout kann mit einem eigenen Format (z. B. für verschiedene Drucker oder Blattformate) versehen werden und kann verschiedene Ansichten des Modellbereiches enthalten. Ausschnitte des Modellbereichs werden im Layoutbereich durch Ansichtsfenster dargestellt. Ansichtsfenster können in ihrer Position und Größe beliebig bestimmt werden. Der Doppelklick auf ein Ansichtsfenster ermöglicht eine Bearbeitung des Modellbereiches innerhalb des Papierbereichs.

4 Fabrikplanung im 2D-Bereich

4.1 Der Arbeitsbereich ZEICHNUNG & BESCHRIFTUNG

4.1.1 Programmstart und Öffnen einer neuen Datei

Nachdem einige Grundlagen zum Programm erläutert wurden, kann AutoCAD® 2013 (sofern noch nicht geschehen) gestartet werden. Erzeugen Sie im ersten Schritt eine neue Datei aus der Vorlage ***acadiso.dwt*** und speichern Sie diese unter dem Dateinamen [Flasche] und dem Dateityp ****.dwg*** in Ihrem Übungsordner (AutoCAD 2013 – Übung Fabrikplanung).

- ***Neu***
- Vorlage: acadiso.dwt
- Öffnen

- ***Speichern***
- Dateiname: [Flasche]
- Dateityp: *.dwg
- Speichern

Wählen Sie in der oberen Befehlsleiste (Abb. 63) den Arbeitsbereich ***Zeichnung & Beschriftung***. Dieser Arbeitsbereich bietet diverse Register und Befehlsgruppen, welche sich speziell mit der Zeichnungserstellung im 2D-Bereich befassen.

HINWEIS: Wenn in diesem Buch rechteckige Klammern verwendet werden, bedeutet das eine Tastatureingabe im Programm (Eingabezeile). Tragen Sie dann bitte nur den Wert innerhalb der Klammern ein (nicht die Klammern selbst).

Abb. 63 Neue Datei erzeugen, Arbeitsbereich Zeichnung & Beschriftung starten

Der Arbeitsbereich ***Zeichnung & Beschriftung*** bietet die folgenden Register:

- Start
- Einfügen
- Beschriften
- Layout
- Parametrisch
- 3D-Werkzeuge
- Rendern
- Ansicht
- Verwalten
- Ausgabe
- Plug-Ins
- Online

4.1.2 Ändern der Fang- und Anzeigeoptionen

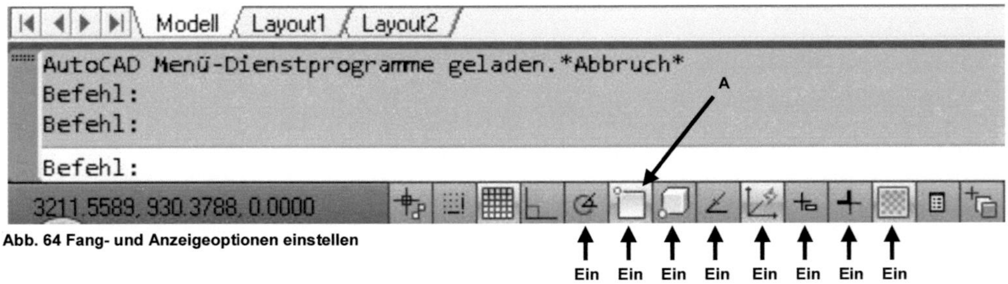

Abb. 64 Fang- und Anzeigeoptionen einstellen

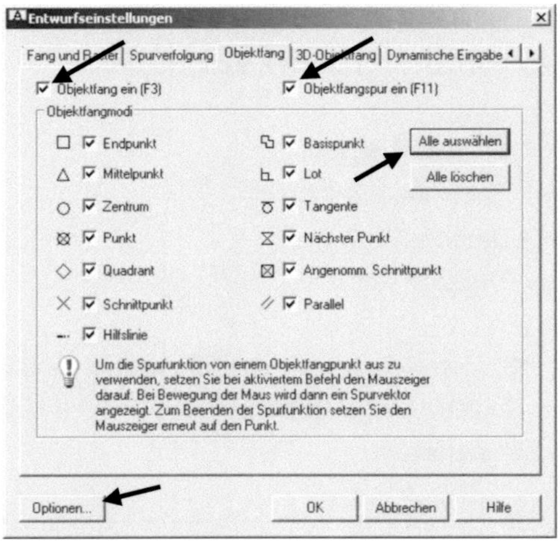

Abb. 65 Objektfang festlegen

Um die Fang- und Anzeigeoptionen einzustellen, sollten im nächsten Schritt die in Abb. 64 markierten Optionen aktiviert werden. Auch der Objektfang soll komplett aktiviert werden. Hierfür ist mit der ***rechten Maustaste*** auf ***Objektfang*** (Abb. 64 A) zu klicken und die Option ***Einstellungen*** zu aktivieren. Übernehmen Sie die Einstellungen aus Abb. 65.

- Rechte Maustaste auf ***Objektfang***
- Option: Einstellungen
- [Alle auswählen] Alle auswählen
- [Optionen...] Optionen

Der Befehl [Optionen...] ***Optionen*** bringt Sie in die Programmoptionen.

4.1.3 Ändern der Ansichtseinstellungen

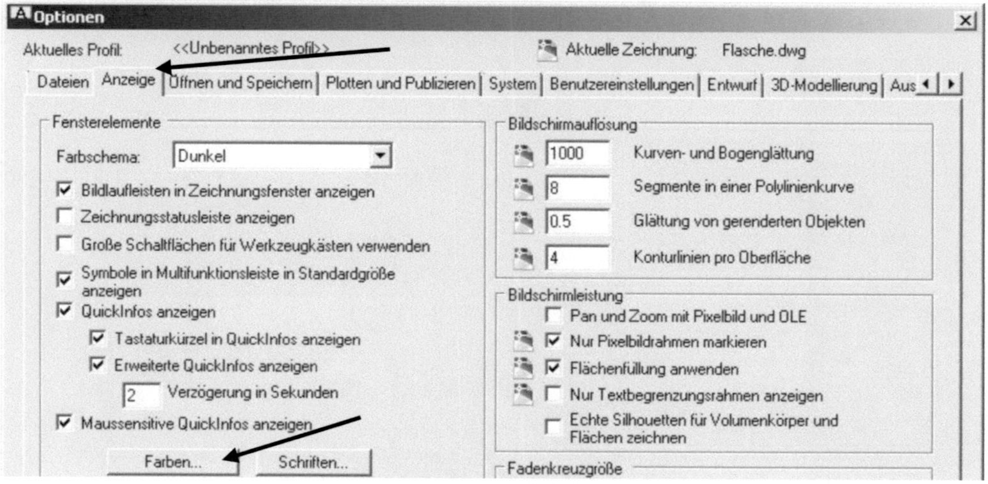

Abb. 66 Programmoptionen, Register: Anzeige

In den Programmoptionen sollen im nächsten Schritt die Ansichtsdarstellungen bearbeitet werden. Im Register ***Anzeige*** ist hierfür die Option ***Farben*** zu aktivieren. Übernehmen Sie anschließend die Einstellungen aus Abb. 66.

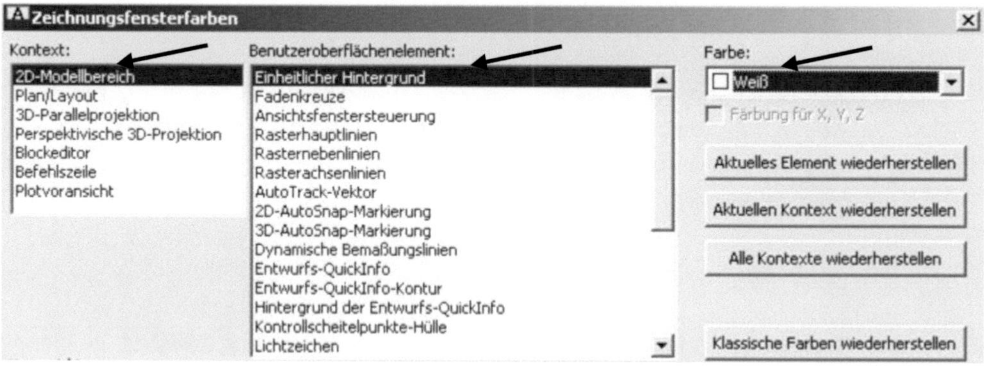

Abb. 67 Bearbeiten der Zeichnungsfensterfarben

- [Farben...] ***Farben***
- Kontext: 2D-Modellbereich
- Benutzeroberflächenelement: Einheitlicher Hintergrund
- Farbe: (Weiß)
- [Anwenden & Schließen] Anwenden & Schließen

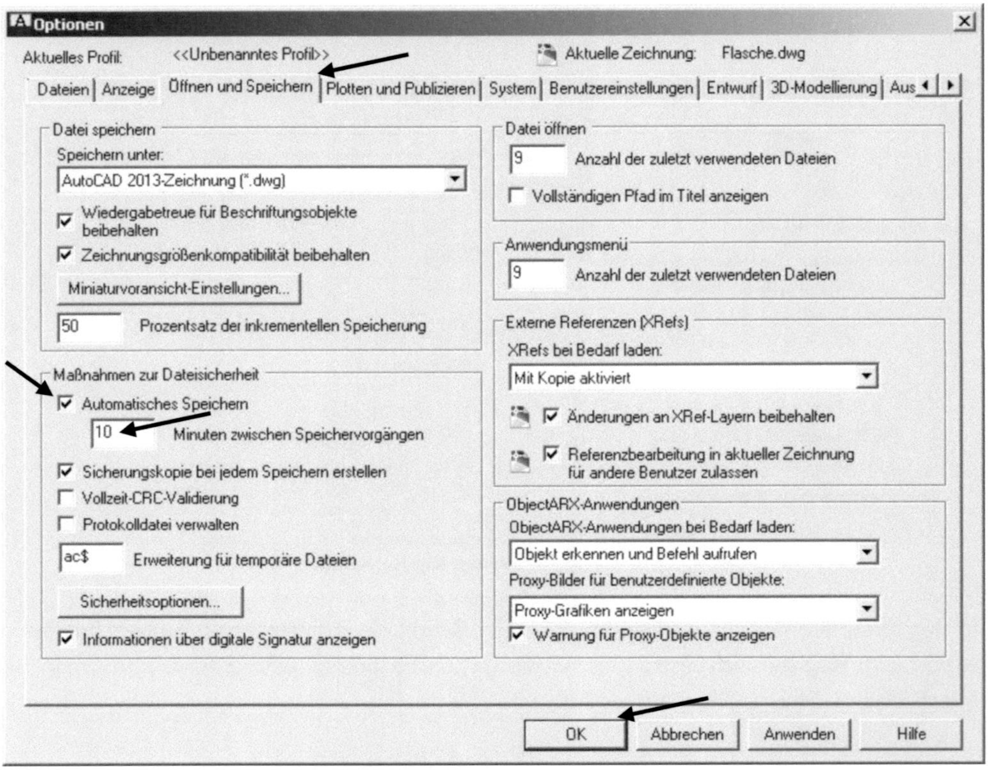

Abb. 68 Automatische Speicherung aktivieren

Zurück in den Programmoptionen ist das Register ***Öffnen und Speichern*** zu starten, die Option ***Automatisches Speichern*** zu aktivieren und die Zeit [10] Minuten einzutragen (Abb. 68). Die Programmoptionen und auch die Entwurfseinstellungen können anschließend mit  ***Ok*** beendet werden.

4.2 ZEICHNUNG & BESCHRIFTUNG > Register: START

Das erste Register im Arbeitsbereich ***Zeichnung & Beschriftung***, welches in diesem Übungsbuch betrachtet werden soll, ist das Register ***Start***. Die folgenden Befehlsgruppen finden Sie hier:

- Zeichnen
- Ändern
- Layer
- Beschriftung
- Block
- Eigenschaften
- Gruppen
- Dienstprogramme
- Zwischenablage

4.2.1 Befehlsgruppe: LAYER

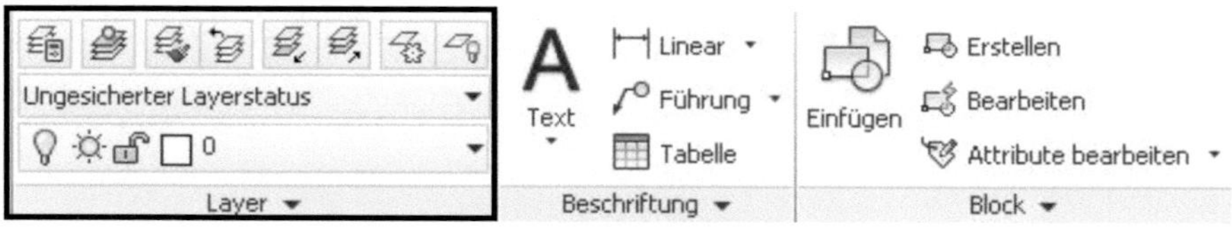

Abb. 69 Befehlsgruppe: Layer

Um Linien und Zeichenobjekten verschiedene Farben, Linientypen, Linienstärken und weitere unterschiedliche Merkmale zuweisen zu können, arbeitet das Programm mit Layern. Ein Layer besitzt diesbezüglich vordefinierte Eigenschaften. Zeichenobjekte werden den Layern zugewiesen und erhalten somit die gewünschten Eigenschaften.

4.2.1.1 Befehlsgrundlagen: Layereigenschaften-Manager

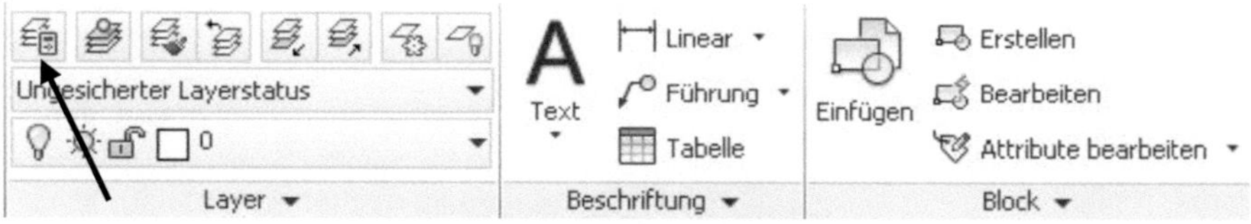

Abb. A Layereigenschaften-Manager

FUNKTION

- Öffnet den Layereigenschaften-Manager

OPTIONEN

- Ordnen der Layer nach einer gewählten Eigenschaft
- Ordner der Layer nach Gruppen
- Speichert die aktuellen Layerdefinitionen der Zeichnung
- Definiert einen neuen Layer
- Definiert einen neuen Layer und friert ihn in allen Ansichtsfenstern ein
- ✖ Löscht gewählte (nicht referenzierte Layer)
- ✔ Layer als Arbeitslayer festlegen
- Layer in Zeichnung aktualisieren
- Dialogfeld für Layereinstellungen
- Layer suchen

- Fenster: Filter
- Filter-/ Gruppenoption wählen

- Fenster: Listenfeld
- [Ein]: Sichtbarkeit ein-/ ausschalten
- [Zu frierenden]: Sichtbarkeit frieren/ tauen
- [Sperre]: Layer sperren/ entsperren
- [Farbe]: Layerfarbe
- [Linientyp]: Vordefinierten Linientyp zuweisen

- Fenster: Listenfeld (weitere)
- [Linienstärke]: Linienstärke zuweisen
- [Transparenz]: Intensität der Layer-Darstellung
- [Plotstil]: Layer drucken/ nicht drucken
- [Frieren in neuen AF]: Layer in neuen Ansichtsfenstern nicht anzeigen
- [Beschreibung]: Kommentar einfügen

4.2.1.2 Layer: Flasche

Vor dem Zeichnen der ersten Kontur soll ein neuer Layer erzeugt werden. Starten Sie den ***Layereigenschaften- Manager*** und folgen Sie der Befehlskette.

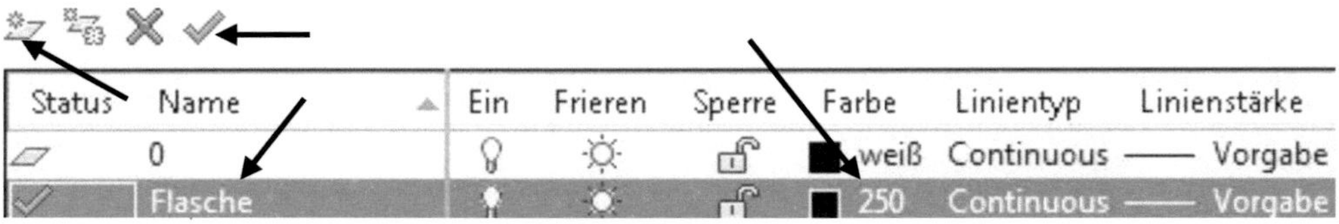

Abb. 70 Layer: Flasche erzeugen

- ***Layereigenschaften***
- Neuer Layer
- Name: [Flasche]
- Farbe: [250]
- Layer aktivieren
- Layereigenschaften-Manager schließen

4.2.2 Befehlsgruppe: ZEICHNEN

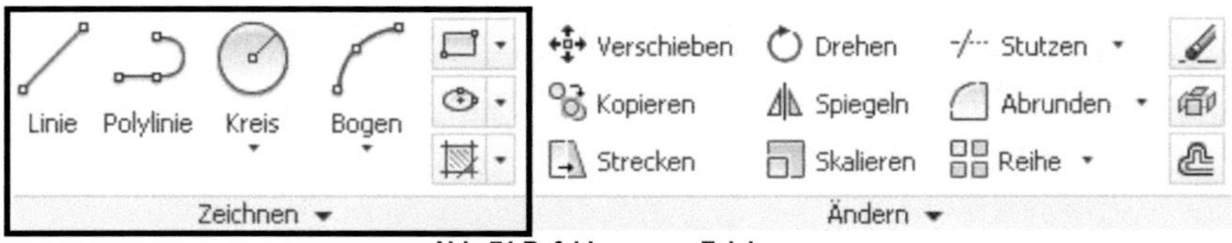

Abb. 71 Befehlsgruppe: Zeichnen

Die Befehlsgruppe ***Zeichnen*** enthält verschiedene Befehle zum Erzeugen neuer geometrischer Elemente. Durch einen Klick auf das kleine Dreieck im unteren Bereich der Befehlsgruppe kann diese erweitert werden.

4.2.2.1 Befehlsgrundlagen: Kreis durch Mittelpunkt und Radius

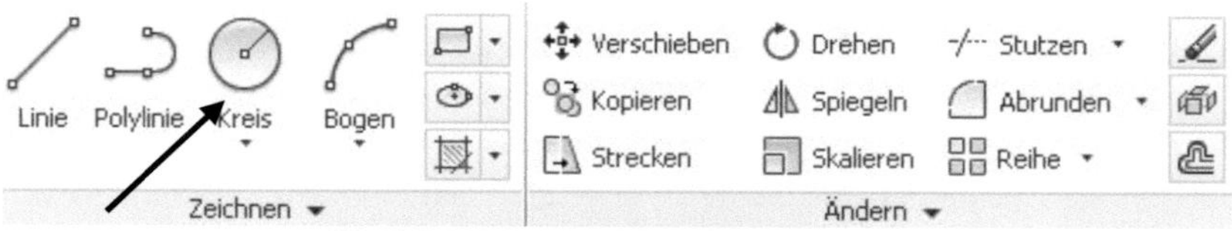

Abb. 72 Befehl: Kreis durch Mittelpunkt und Radius

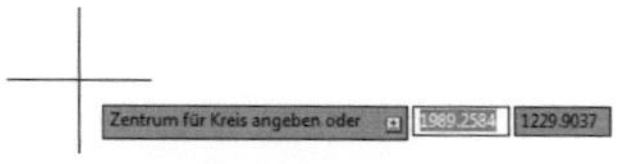

Abb. 73 Kreismittelpunkt setzen

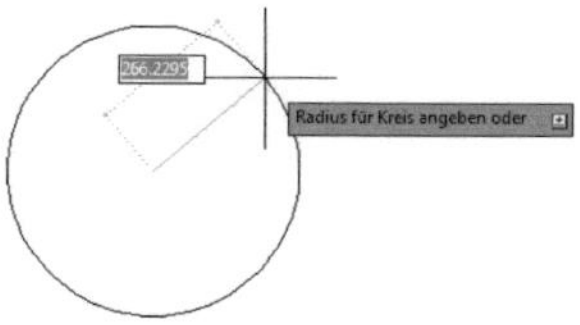

Abb. 74 Wert für Radius wählen

FUNKTION

- Erstellt einen Kreis, definiert durch Kreismittelpunkt und Radius

OPTIONEN

- [3P]: Zeichnet einen Kreis mittels drei Punkten
- [2P]: Zeichnet einen Kreis mittels zwei Punkten
- [Ttr]: Zeichnet einen Kreis mittels zwei Tangenten und einer Radiusangabe

4.2.2.2 Flasche in der Draufsicht zeichnen

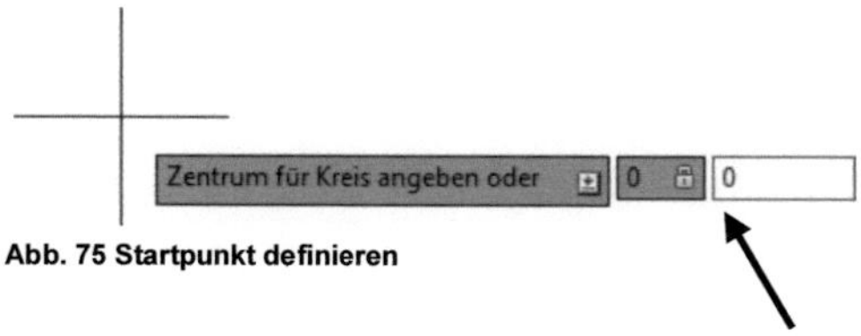

Abb. 75 Startpunkt definieren

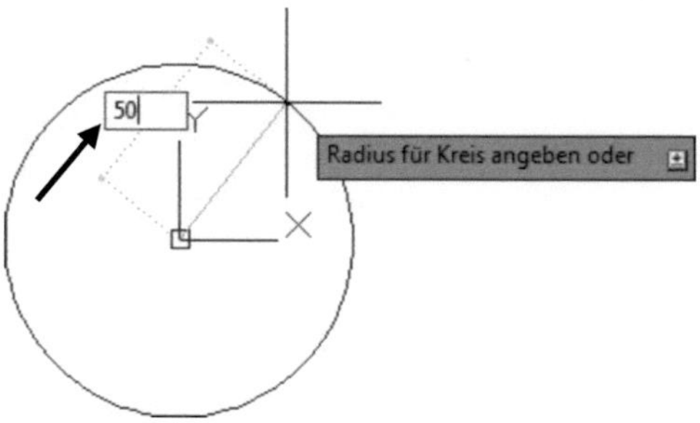

Abb. 76 Wert für Radius eingeben

Das erste Zeichenelement soll ein einfacher Kreis werden. Dieser soll eine Getränkeflasche mit einem Radius von 50 mm in der Draufsicht darstellen. Kreismittelpunkt und Radius werden mittels dynamischer Werteeingabe per Tastatur definiert.

- ***Kreis durch Mittelpunkt & Radius***
- Startpunkt definieren: [0] > [Tab] > [0]
- [Enter]
- Wert für Radius angeben: [50]
- [Enter]

Um den Kreis sichtbar zu machen, kann am ViewCube die Seite OBEN gewählt werden.

Abb. 77 Speichern der Zeichnung

Die Zeichnung ist anschließend mit dem ganz normalen ***Speicherbefehl***, also unter der aktuellen Bezeichnung [Flasche.dwg] zu sichern. Der dargestellte Kreis soll in den folgenden Übungen als Ausgangsbasis dienen. Verwenden Sie hierfür den Befehl ***Speichern unter***, um eine Kopie der Zeichnung mit der Bezeichnung [Kasten_Voll] zu erstellen.

- ***Speichern unter***
- Dateiname: [Kasten_Voll]
- Dateityp: *.dwg
- Speichern

4.2.2.3 Layer für Flaschenkasten erzeugen

In der neuen Zeichnung (Kasten_Voll.dwg) wird ein weiterer Layer benötigt. Starten Sie den ***Layereigenschaften-Manager*** und erzeugen Sie den Layer ***Flaschenkasten***.

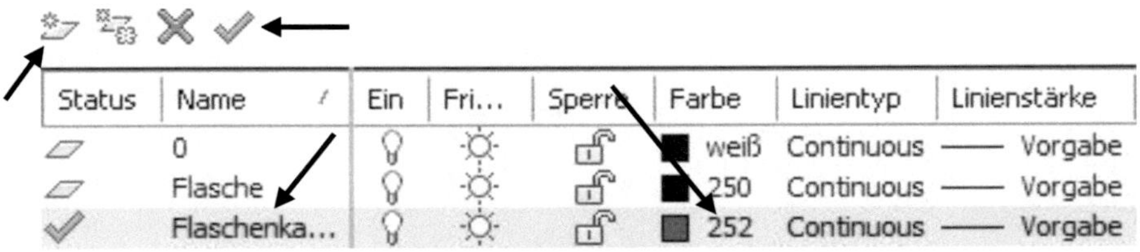

Abb. 78 Layer: Flaschenkasten erzeugen

- ***Layereigenschaften***
- Neuer Layer
- Name: [Flaschenkasten]
- Farbe: [252]
- Layer aktivieren
- Layereigenschaften schließen

4.2.2.4 Befehlsgrundlagen: Rechteck

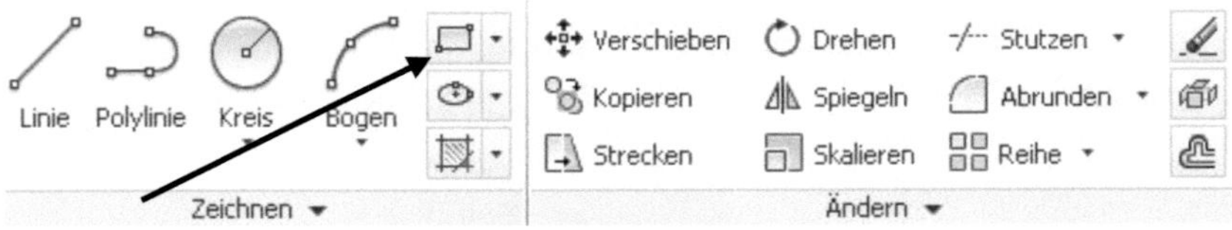

Abb. 79 Befehl: Rechteck

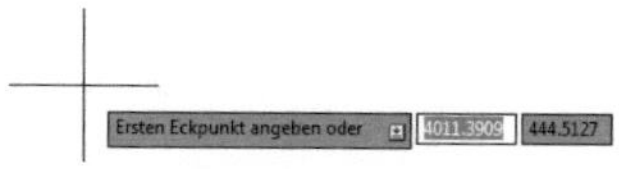

Abb. 80 **Ersten Punkt angeben**

FUNKTION

- Erstellt ein Rechteck durch zwei Punkte

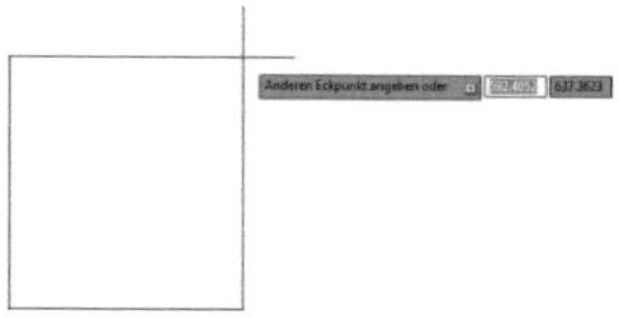

Abb. 81 **Zweiten Punkt angeben**

OPTIONEN

- [Fasen]: Ecken fasen
- [Erhebung]: Abstand der Zeichenebene in Z-Richtung
- [Abrunden]: Ecken abrunden
- [Objekthöhe]: Rechteck extrudieren
- [Breite]: Linienbreite festlegen

4.2.2.5 Außenkontur des Wasserkastens durch Rechteck darstellen

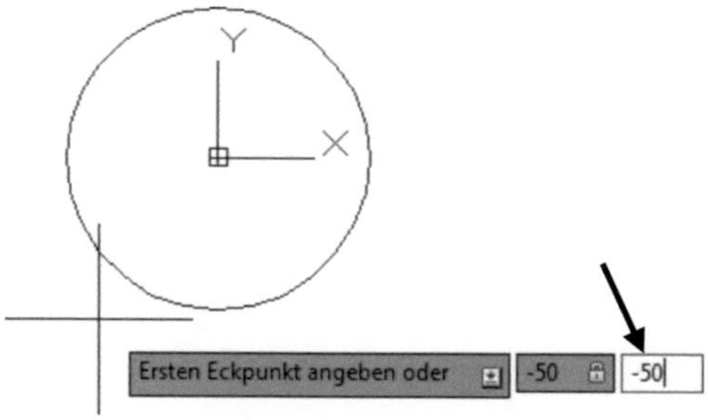

Abb. 82 **Ersten Eckpunkt angeben (erstes Rechteck)**

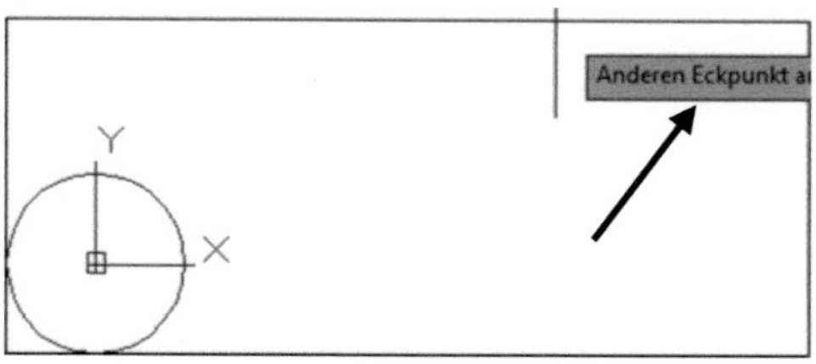

Abb. 83 **Zweiten Eckpunkt angeben (erstes Rechteck)**

Der erste Teil des Flaschenkastens soll durch zwei Rechtecke dargestellt werden. Im ersten Schritt ist die Außenkontur des Kastens zu zeichnen, im zweiten Schritt die beiden Flaschenreihen.

Ein Rechteck wird durch die Angabe zweier Punktkoordinaten oder das freie Setzen zweier Punkte mit der linken Maustaste definiert. Wir verwenden die Koordinaten-eingabe. Das erste Wertepaar legt die Position des Startpunktes fest, das zweite Länge und Breite des Rechtecks.

- ***Rechteck***
- Erster Punkt: [-50] > [Tab] > [-50]
- [Enter]
- Zweiter Punkt: [400] > [Tab] > [300]
- [Enter]

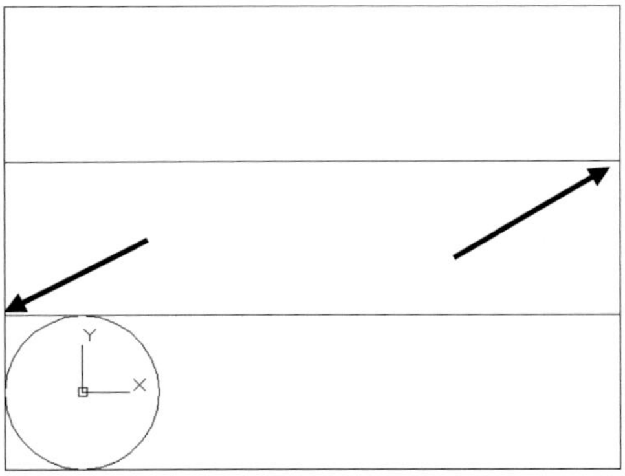

Abb. 84 Zweites Rechteck zeichnen

Zeichnen Sie anschließend das zweite Rechteck, um die Reihen des Kastens zu definieren.

- ***Rechteck***
- Erster Punkt: [-50] > [Tab] > [50]
- [Enter]
- Zweiter Punkt: [400] > [Tab] > [100]
- [Enter]

4.2.2.6 Befehlsgrundlagen: Linie

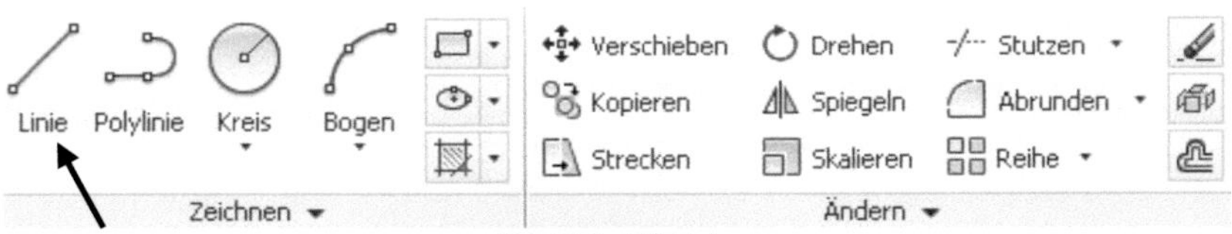

Abb. 85 Befehl: Linie

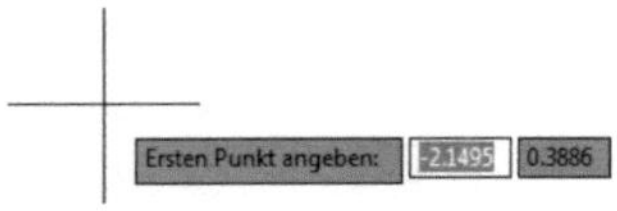

Abb. 86 Ersten Punkt setzen

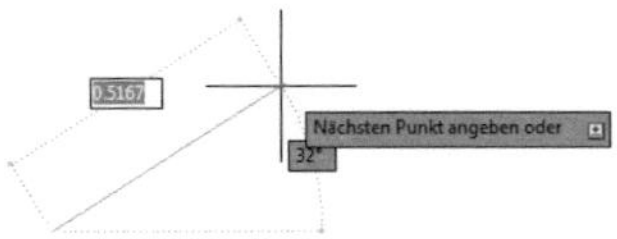

Abb. 87 Nächsten Punkt setzen

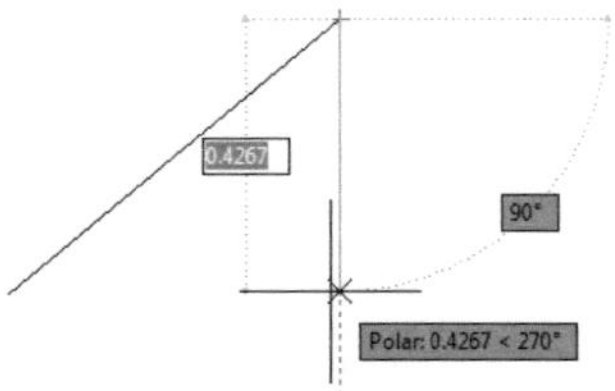

Abb. 88 Weitere Punkte setzen

FUNKTION

- Erstellt eine gerade Linie aus zwei oder mehreren Punkten (als einzelne Linienzüge)

OPTIONEN

- [Schließen]: Schließt den Linienzug
- [Zurück]: Kehrt zum letzten Punkt zurück

4.2.2.7 Wasserkasten mit einer Linie erweitern

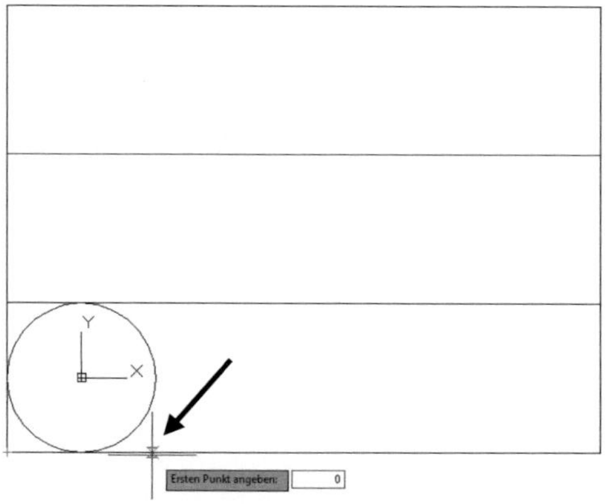

Abb. 89 Ersten Punkt angeben

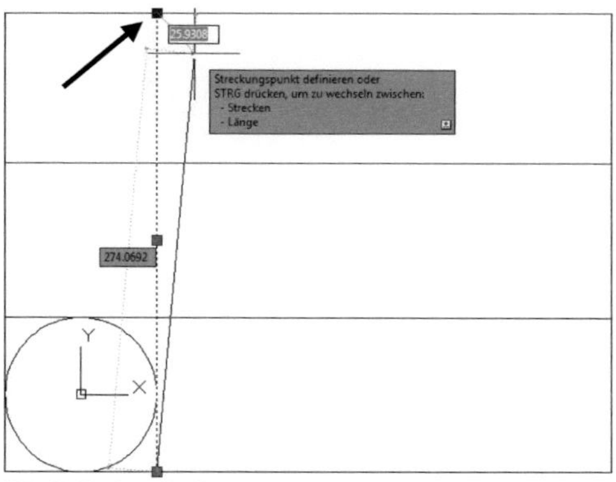

Abb. 90 Zweiten Punkt angeben

Eine einfache Linie soll die Spalten des Wasserkastens kennzeichnen. Linien werden (wie auch Rechtecke) durch die Angabe zweier Punktkoordinaten oder durch freies Setzen zweier Punkte mit der linken Maustaste definiert.

Die Koordinaten von Start- und Endpunkt der Linie werden erneut durch eine Tastatureingabe definiert. Hierfür werden zwei Wertepaare benötigt: das erste für die Position des Startpunktes, das zweite für Länge und Richtungswinkel der Linie (in Bezug zum BKS).

- ***Linie***
- Erster Punkt: [50] > [Tab] > [-50]
- [Enter]
- Zweiter Punkt: [300] > [Tab] > [90]
- [Enter]
- [Esc]

4.2.3 Befehlsgruppe: ÄNDERN

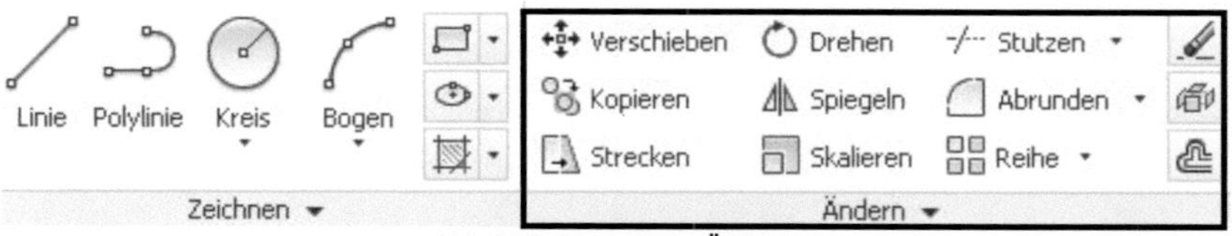

Abb. 91 Befehlsgruppe: Ändern

Sie enthält Befehle zur Bearbeitung von geometrischen Objekten. Die Befehlsgruppe kann durch einen Klick auf das kleine Dreieck erweitern werden.

4.2.3.1 Befehlsgrundlagen: Kopieren

Abb. 92 Der Befehl: Kopieren

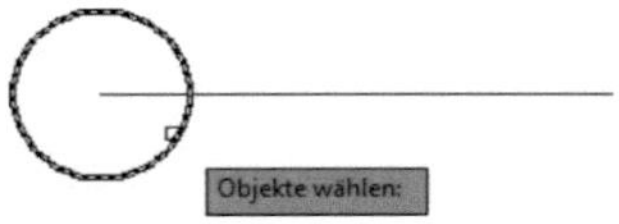

Abb. 93 Objekt wählen

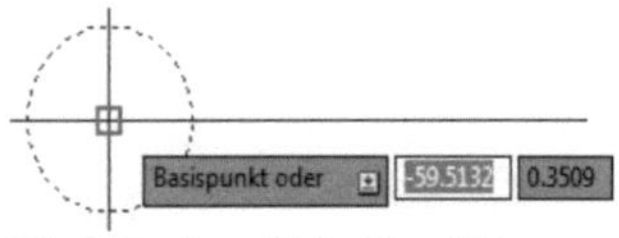

Abb. 94 Basispunkt der Verschiebung

Abb. 95 Objekt an Zielposition ablegen

FUNKTION

- Kopiert Objekte und ermöglicht eine Platzierung der Kopien mittels Basispunkt

OPTIONEN

- [Verschiebung]: Bietet relative Koordinateneingabe
- [Modus]: Einzelne oder mehrfache Vervielfältigung
- [Anordnung]: Bietet eine lineare Anordnung an
- [Beenden]: Beendet das Kopieren
- [Rückgängig]: Platzierungskorrektur im Modus Mehrfachvervielfältigung (ohne Befehlsabbruch)

4.2.3.2 Kopieren der Linie

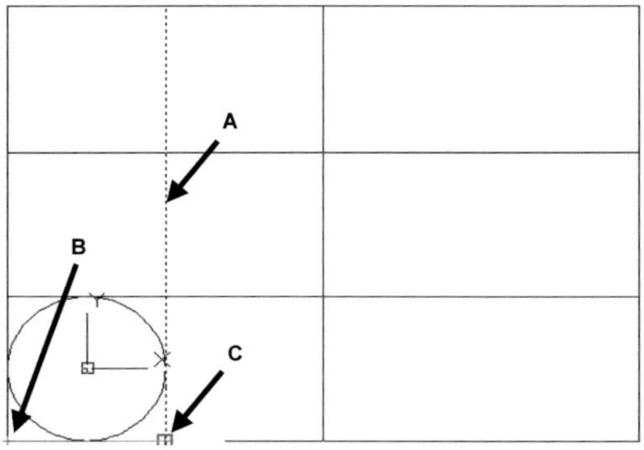

Abb. 96 Linie, Basispunkt und ersten Einfügepunkt wählen

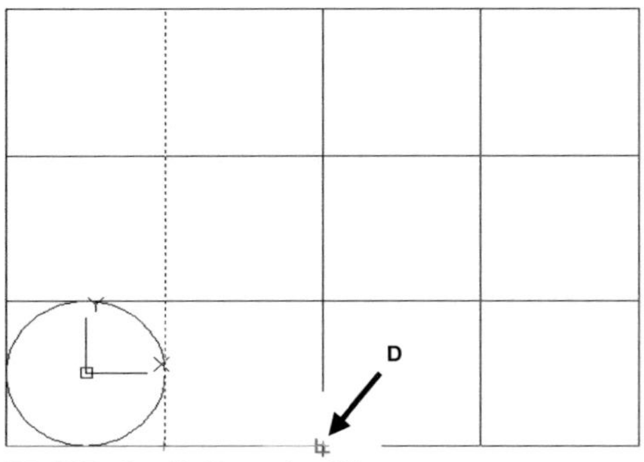

Abb. 97 Zweiten Einfügepunkt wählen

Die erzeugte Linie soll jetzt zweimal kopiert werden. Wählen Sie nacheinander die zu kopierende Linie, den Basis-Referenzpunkt und kopieren Sie die Linie anschließend zweimal (Abb. 96, 97).

- ***Kopieren***
- (Befehlsgruppe: Ändern)
- Linie wählen (A)
- [Enter]
- Basispunkt der Kopie wählen (B)
- Ersten Einfügepunkt wählen (C)
- Zweiten Einfügepunkt wählen (D)
- [Esc]

4.2.3.3 Layer wechseln

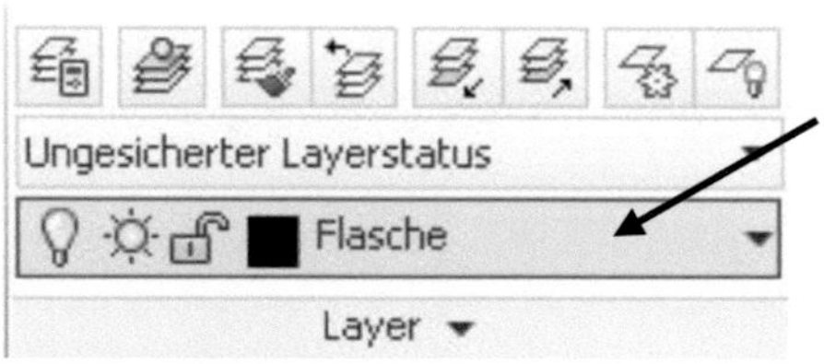

Abb. 98 Layer Flasche aktivieren

Der Flaschenkasten ist komplett. Jetzt soll der einzelne Kreis kopiert werden, um einen gefüllten Flaschenkasten darzustellen. Aktivieren Sie vorher den Layer Flasche. Klicken Sie hierfür auf das in Abb. 98 markierte Auswahlfeld der Befehlsgruppe ***Layer*** und wählen Sie dort den Layer ***Flasche***.

HINWEIS: Achten Sie bei allen Arbeitsschritten auf die korrekte Layereinstellung, um Zeichenobjekte nicht irrtümlich einem falschen Layer zuzuweisen.

4.2.3.4 Befehlsgrundlagen: Rechteckige Anordnung (Reihe)

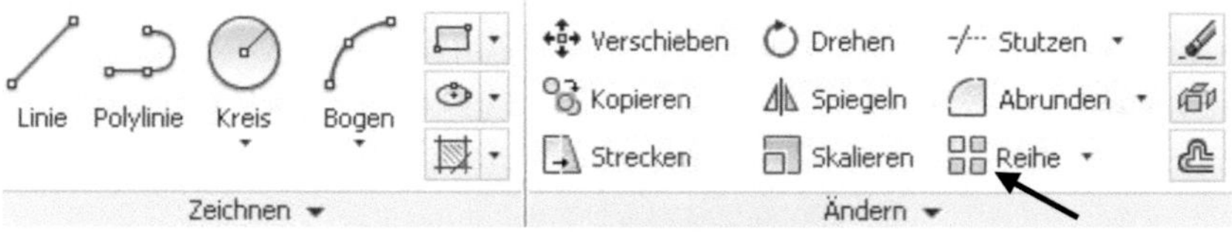

Abb. 99 Der Befehl: Rechteckige Anordnung

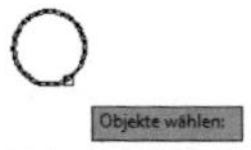
Abb. 100 Objekt wählen

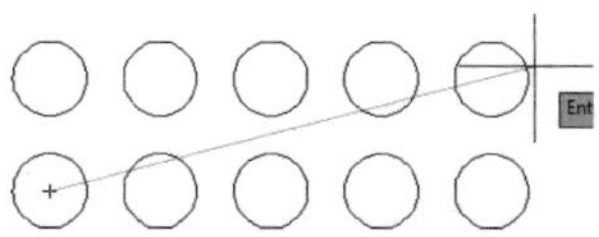
Abb. 101 Diagonale aufziehen, um Zeilen und Spalten zu bestimmen

FUNKTION

- Erstellt Kopien von Objekten und ordnet diese rechteckig (auch dreidimensional) an

OPTIONEN

- [Basispunkt]: Wahl eines Basispunktes für Abstände
- [Winkel]: Winkel zwischen der Diagonalen des virtuellen Rechtecks und der X-Achse des BKS
- [Anzahl]: Zeilen- und Spaltenanzahl
- [Abstand]: Zeilen- und Spaltenabstand

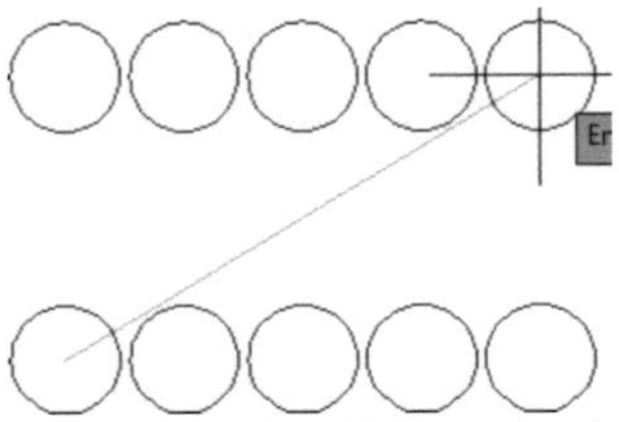

Abb. 102 Abstand der Objekte zueinander (horizontal/ vertikal) festlegen

- [Ausdruck]: Wertermittlung über mathematische Gleichung
- [Assoziativ]: Legt fest, ob die Elemente nach deren Erzeugung voneinander abhängig sind
- [Zeilen]: Bearbeitet die Zeilenanzahl
- [Spalten]: Bearbeitet die Spaltenanzahl
- [Ebenen]: Anordnung erfolgt in mehreren Ebenen (3D)
- [Gesamt]: Abstand wird nicht zwischen den einzelnen Kopien, sondern zwischen erster und letzter Kopie angegeben
- [Exit]: Beendet den Befehl

4.2.3.5 Flasche kopieren und rechteckig anordnen

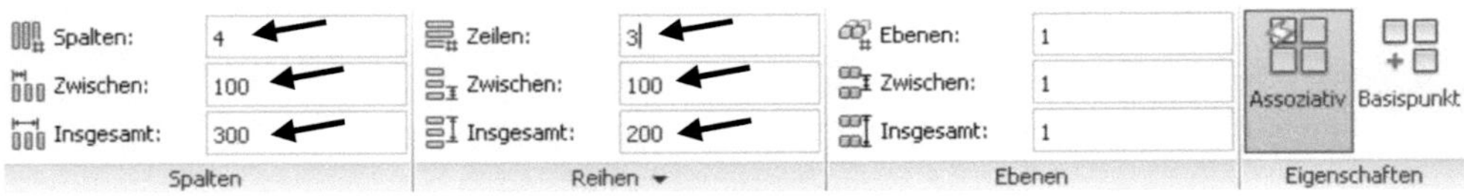

Abb. 103 Register: Anordnung erstellen

Nachdem der Befehl ***Rechteckige Anordnung*** gestartet wurde, ist der in Abb. 104 markierte Kreis zu wählen und die Auswahl mit [Enter] zu bestätigen. Das Programm wechselt automatisch ins Register Anordnung erstellen. Übernehmen Sie hier die in Abb. 103 dargestellten Werte der Befehlsgruppen Spalten und Reihen. Sobald alle Daten übernommen wurden, kann das Register wieder geschlossen werden.

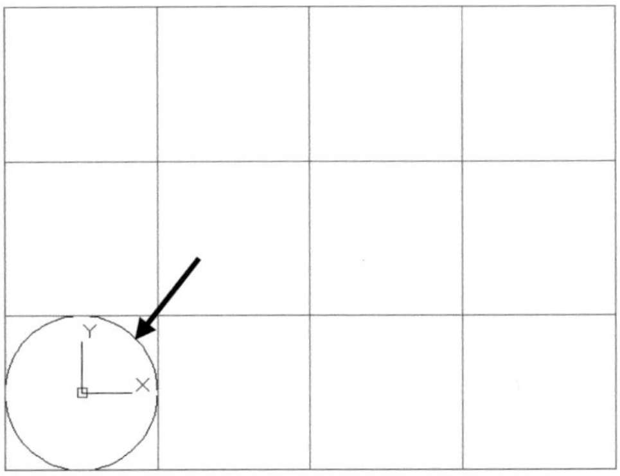

Abb. 104 Kreis wählen

- ***Rechteckige Anordnung***
- Kreis wählen (Abb. 104)
- Werte aus Abb. 103 übernehmen
- Anordnung schließen

Speichern Sie die Zeichnung und verwenden Sie anschließend den Befehl ***Speichern unter***, um eine Kopie der Zeichnung mit dem Dateinamen ***Kasten_Leer*** zu erzeugen.

4.2.3.6 Ableiten der vorhandenen Zeichnung

Um aus einem gefüllten Wasserkasten einen leeren Wasserkasten zu erzeugen, müssen alle Kreise (Flaschen) aus der Zeichnung entfernt werden. Diese könnten alle einzeln markiert und anschließend gelöscht werden (Taste [Entf]), oder in einem Schritt mit dem Befehl ***Löschen***. Dieser Befehl löscht einen Layer samt aller darauf befindlichen Objekte.

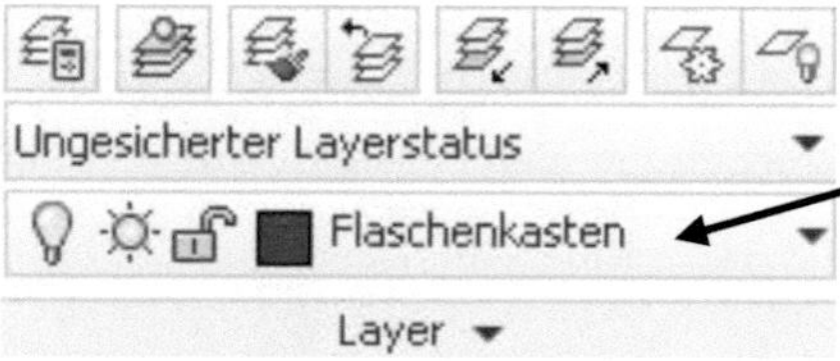

Abb. 105 Layer Flaschenkasten aktivieren

Um den Layer ***Flasche*** löschen zu können, muss vorher ein anderer Layer aktiviert werden. Öffnen Sie in der Befehlsgruppe Layer das Auswahlmenü und wählen Sie den Layer ***Flaschenkasten*** (Abb. 105).

4.2.3.7 Befehlsgrundlagen: Löschen (Layer)

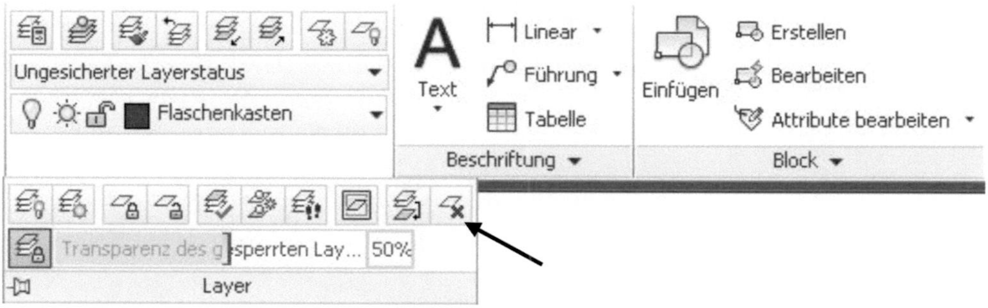

Abb. 106 Befehl: Löschen (Layer)

Löscht einen Layer samt aller dem Layer zugeordneter Zeichenobjekte. Der Befehl befindet sich im unteren Bereich der aufgeklappten Befehlsgruppe Layer.

4.2.3.8 Löschen des Layers Flasche und der zugeordneten Kreise

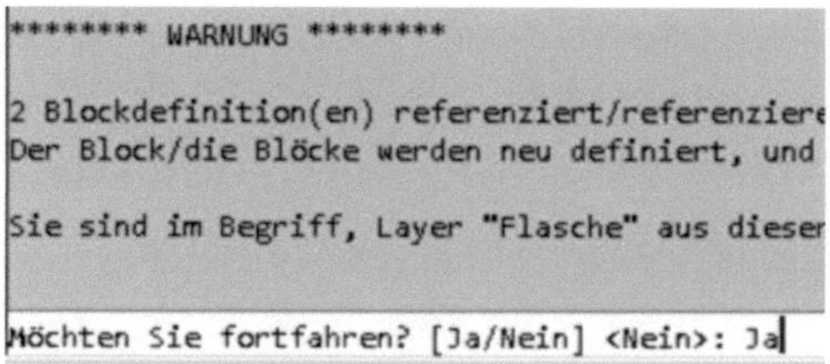

Abb. 107 Textfenster Layer löschen

Starten Sie den Befehl ***Löschen***, wählen Sie einen der Kreise und bestätigen Sie im Eingabefenster (Abb. 107) mit [Ja]. Die Zeichnung kann danach ***gespeichert*** und geschlossen werden.

4.2.3.9 Ableiten der neuen Zeichnung

Die neue Zeichnung soll eine Palette, gefüllt mit Kästen und Flaschen, in der Draufsicht darstellen. Öffnen Sie die Datei ***Kasten_Voll.dwg*** aus dem Projektordner und verwenden Sie den Befehl ***Speichern unter***, um eine Kopie der Zeichnung als ***Palette_Voll.dwg*** zu speichern.

4.2.3.10 Kästen rechteckig anordnen

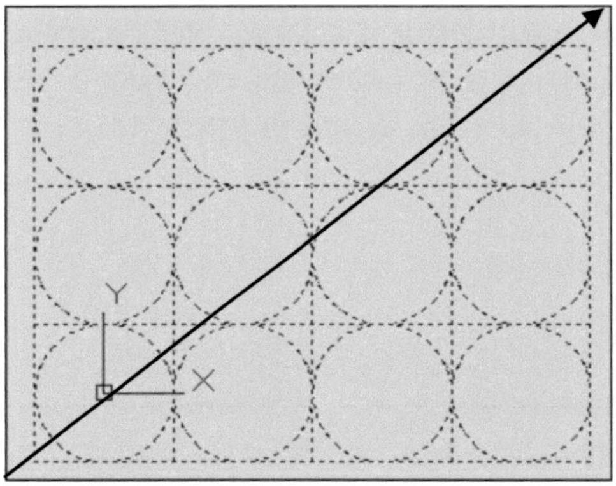

Abb. 108 Fenster über gesamten Kasten aufziehen

Wir verwenden eine Palette mit den Abmessungen 1200 x 800 mm. Bei einem Kastenmaß von 300 x 400 mm können auf der Palette (in einer Ebene) 4 x 2 Kästen angeordnet werden. Verwenden Sie den Befehl ***Rechteckige Anordnung***, um die vorhandenen Flaschen und Kästen entsprechend zu kopieren. Für die Auswahl der zu kopierenden Elemente, ziehen Sie bei gedrückter linker Maustaste ein Fenster über den gesamten Kasten (Abb. 108).

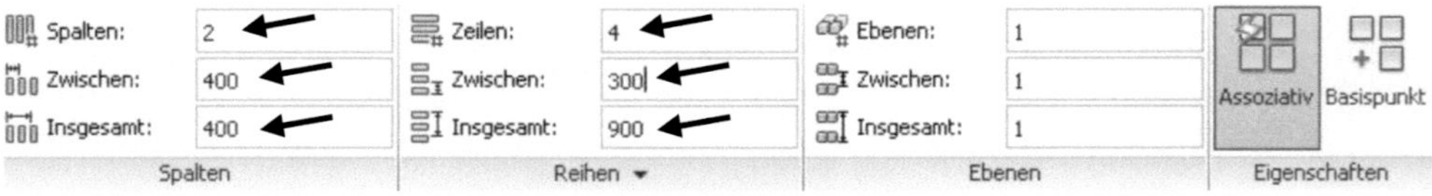

Abb. 109 Register: Anordnung erstellen

- ***Rechteckige Anordnung***
- Kasten, Flaschen wählen (Abb. 108)
- Werte aus Abb. 109 übernehmen
- Anordnung schließen

Sobald die Anordnung fertiggestellt wurde, sollten bei Ihnen acht Flaschen nebeneinander und zwölf Flaschen übereinander (samt der Kästen) angeordnet sein. ***Speichern*** Sie die Zeichnung und verwenden Sie den Befehl ***Speichern unter***, um eine Kopie der Zeichnung mit der Bezeichnung ***Palette_Leer.dwg*** zu erzeugen.

4.2.3.11 Befehlsgrundlagen: Polylinie (BG: ZEICHNEN)

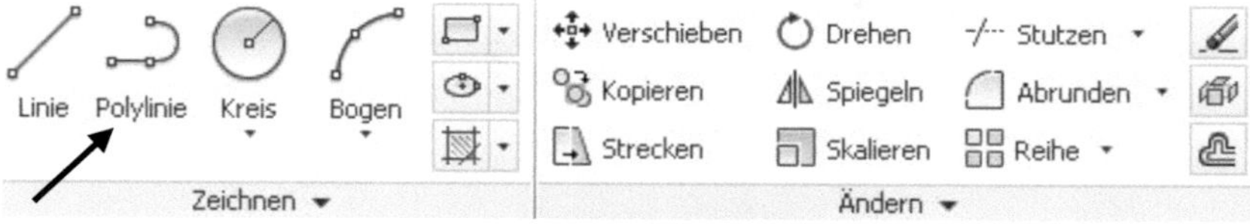

Abb. 110 Der Befehl: Polylinie

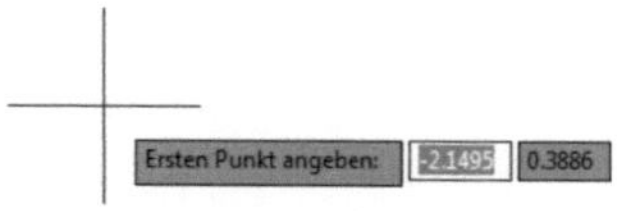

Abb. 111 Ersten Punkt setzen

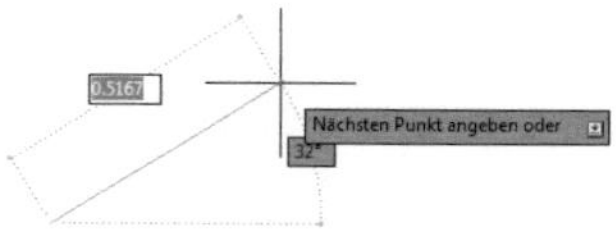

Abb. 112 Nächsten Punkt setzen

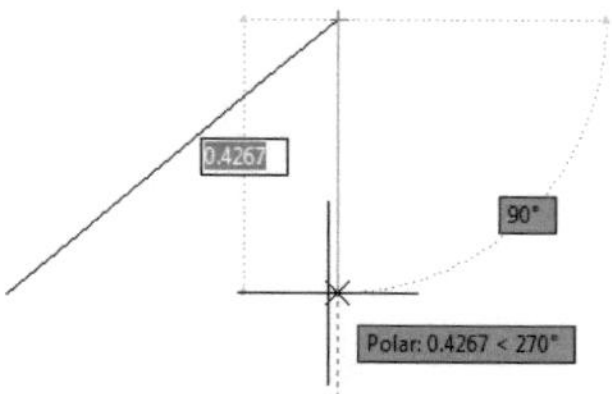

Abb. 113 Weitere Punkte setzen

F U N K T I O N

- Erstellt eine Linie aus zwei oder mehreren Punkten (als ein gemeinsames Linienobjekt)

O P T I O N E N

- [Schließen]: Schließt den Linienzug
- [Zurück]: Springt zum letzten Punkt zurück
- [Kreisbogen]: Erzeugt einen Kreisbogen
- [Halbbreite]: Bestimmt die Breitenhälfte der Linie
- [Sehnenlänge]: Definiert eine Sehnenlänge
- [Breite]: Bestimmt die Breite der Linie

4.2.3.12 Layer: Palette

Öffnen Sie den ***Layereigenschaften-Manager*** und erzeugen Sie einen neuen Layer ***Palette***.

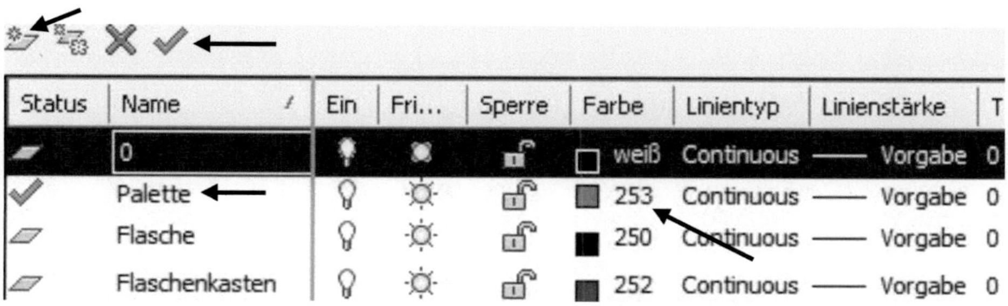

Abb. 114 Layer: Palette erzeugen

- ***Layereigenschaften-Manager***
- Neuer Layer
- Name: [Palette]
- Farbe: [253]
- Layer ✔ aktivieren
- Layereigenschaften schließen

4.2.3.13 Leere Palette durch Polylinie darstellen

Die aktuelle Zeichnung besteht aus einer rechteckigen Anordnung der gefüllten Kästen. Sobald diese aus der Zeichnung entfernt werden, bleibt nichts außer einem leeren Zeichenbereich übrig. Da eine leere Palette durch ein die Außenkontur der Palette bestimmendes Rechteck gekennzeichnet wird, welches durch zwei Linien diagonal durchkreuzt wird, soll die noch vorhandene Anordnung als Ausgangsbasis verwendet werden. In der nächsten Übung sollen die Ecken dieser Anordnung durch eine geschlossene Polylinie miteinander verbunden werden.

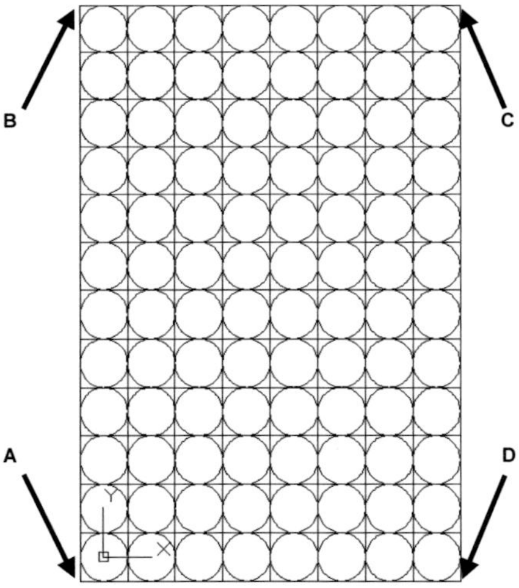

Abb. 115 Polylinie über Eckpunkte erzeugen

Starten Sie den Befehl ***Polylinie***, verbinden Sie nacheinander die in Abb. 115 markierten Eckpunkte (A, B, C, D) und beenden Sie den Befehl mit der Tastatureingabe [S]. Diese Tastatureingabe bewirkt, dass die Polylinie geschlossen wird.

- ***Polylinie***
- Startpunkt: Markierter Punkt (A)
- Nächster Punkt: Markierter Punkt (B)
- Nächster Punkt: Markierter Punkt (C)
- Nächster Punkt: Markierter Punkt (D)
- [S]
- [Enter]

4.2.3.14 Flaschen und Wasserkästen aus der Zeichnung löschen

Die rechteckige Anordnung der Kästen, soll in der nächsten Übung aus der Zeichnung entfernt werden. Markieren Sie einen der Kästen oder Flaschen (Achtung: Nicht auf die gerade erzeugte Polylinie klicken!) und löschen Sie die markierten Objekte mit der Taste [Entf].

4.2.3.15 Leere Palette mit zwei diagonalen Linien kennzeichnen

Die leere Palette soll jetzt durch zwei sich kreuzende Diagonalen gekennzeichnet werden. Verwenden Sie den Befehl ***Linie***, um die beiden Diagonalen zu zeichnen.

Abb. 116 Palette ohne Linien

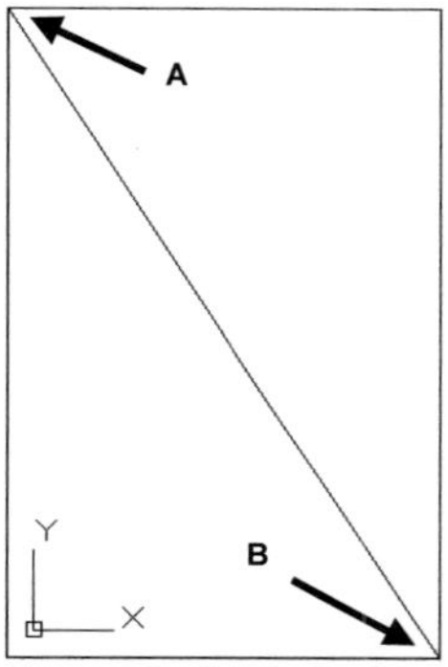

Abb. 117 Erste Diagonale

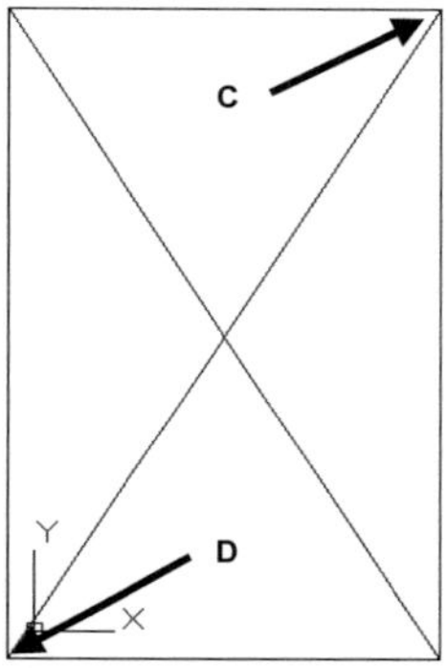

Abb. 118 Zweite Diagonale

- ***Linie***
- Erster Punkt: Markierter Punkt (A)
- Zweiter Punkt: Markierter Punkt (B)
- [Esc]

- ***Linie***
- Erster Punkt: Markierter Punkt (C)
- Zweiter Punkt: Markierter Punkt (D)
- [Esc]

Die Datei kann anschließend ***gespeichert*** und geschlossen werden.

4.2.3.16 Neue Zeichnung erzeugen

Nach der Darstellung der geometrischen Grundobjekte (Flasche, Kasten, Palette) soll die erste Maschine gezeichnet werden. Erzeugen Sie eine neue Zeichnung und speichern Sie diese unter der Bezeichnung ***01_02_Kästen_von_Paletten_heben.dwg*** im Projektordner ab.

- ***Neu***
- Vorlage: acadiso.dwt
- Öffnen

- ***Speichern***
- Dateiname: [01_02_Kästen_von_Paletten_heben]
- Dateityp: *.dwg

4.2.3.17 Layer: Kästen von Palette heben

Starten Sie den Befehl ***Layereigenschaften-Manager*** und erstellen Sie einen neuen Layer ***Kästen_von_Palette_heben***.

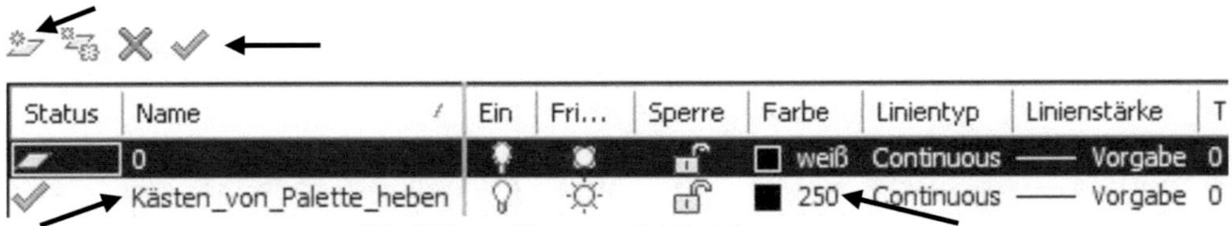

Abb. 119 Layer: Kästen_von_Palette_heben erzeugen

- ***Layereigenschaften-Manager***
- Neuer Layer
- Name: [Kästen_von_Palette_heben]
- Farbe: [250]
- Layer aktivieren
- Layereigenschaften schließen

4.2.3.18 Basiskontur anhand der dargestellten Skizze zeichnen

Verwenden Sie die Befehle ***Linie***, ***Polylinie*** und ***Rechteck*** um das folgende Objekt zu erzeugen. Der markierte Punkt ***P0*** kennzeichnet den Koordinatenursprung (0, 0).

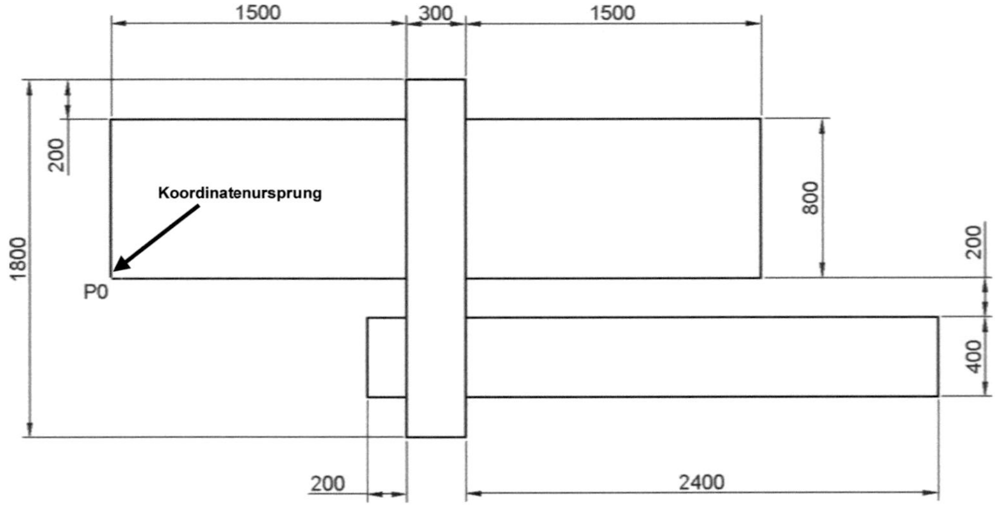

Abb. 120 Zeichnen der Basiskontur

HINWEIS: Haben Sie einen Punkt falsch positioniert, kann mit der Texteingabe [Z] > [Enter] ein Schritt zurück gesprungen und korrigiert werden.

4.2.4 Befehlsgruppe: BLOCK

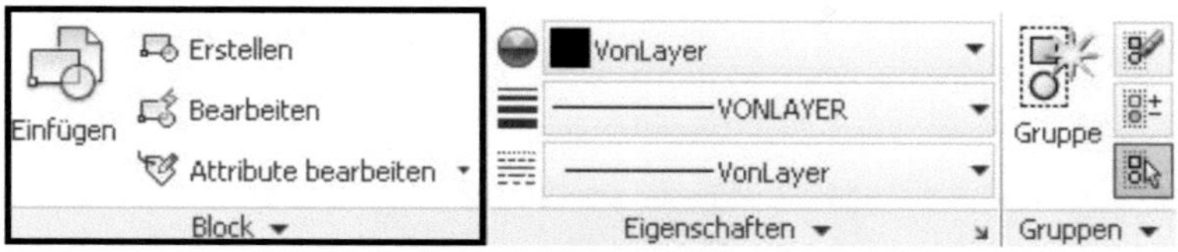

Abb. 121 Befehlsgruppe: Block

Unterschiedliche geometrische Zeichenobjekte einer Zeichnung können als Block zusammengefasst und als eine Einheit betrachtet werden. Somit ist eine Gruppierung dieser Objekte möglich. Blöcke können aus einer Zeichnung exportiert oder in eine Zeichnung importiert werden.

4.2.4.1 Befehlsgrundlagen: Einfügen

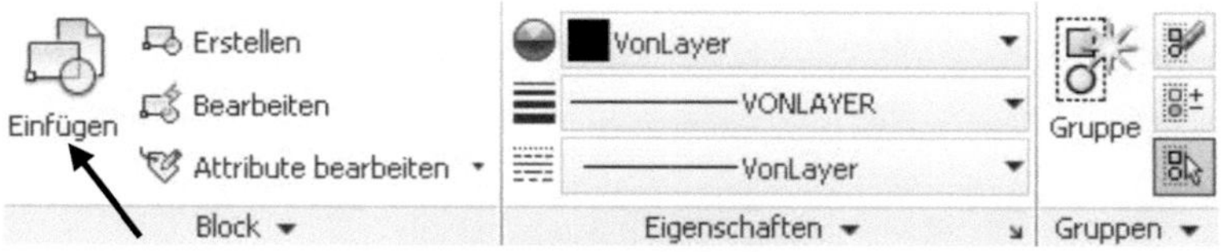

Abb. 122 Befehl: Einfügen (Block)

FUNKTION

- Fügt ein als Block definiertes Objekt in die Zeichnung ein

OPTIONEN

- [Durchsuchen]: Sucht eine DWG- oder DXF-Zeichnung und fügt diese als Block in die Zeichnung ein
- [Pfad]: Der Pfad zum Block kann eingegeben werden
- [Einfügepunkt]: Jeder Block besitzt einen Basispunkt die Position dieses Punktes wird hier festgelegt
- [Skalierung]: Block kann um drei verschiedene Werte (in X-, Y- oder Z-Richtung) oder einheitlich (um einen Faktor) skaliert werden
- [Drehung]: Der eingefügte Block wird gedreht
- [Ursprung]: Block-Basispunkt entspricht Zeichnungs-Nullpunkt (BKS)

4.2.4.2 Die gefüllte Palette als Block einfügen

In der folgenden Übung soll die Zeichnung ***Palette_Voll.dwg*** als Block in die aktuelle Zeichnung importiert werden. Der eingefügte Block soll frei in der Zeichnung (in der Nähe der bereits gezeichneten Maschine) mit der linken Maustaste abgelegt werden. Die genaue Ablageposition ist irrelevant, da die Palette anschließend gedreht und zur korrekten Position verschoben werden soll. Verwenden Sie die Option ***Einfügepunkt am Bildschirm bestimmen***, um ein freies Ablegen des Blocks zu ermöglichen. Achten Sie auch auf die restlichen Optionen aus Abb. 123.

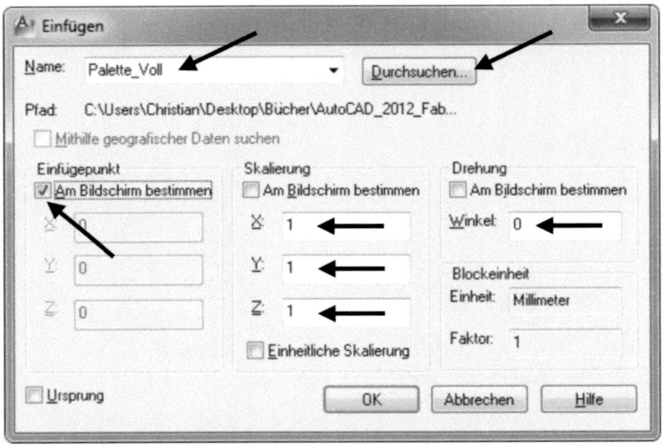

Abb. 123 Block (Palette_Voll) einfügen

- ***Einfügen***
- Durchsuchen...
- Projektordner wählen
- Name: [Palette_Voll.dwg]
- Optionen (Abb. 123) übernehmen
- OK

Der Block welcher sich jetzt am Mauszeiger befindet, kann mit der linken Maustaste frei im Zeichenbereich abgelegt werden.

4.2.4.3 Befehlsgrundlagen: Verschieben (BG: ÄNDERN)

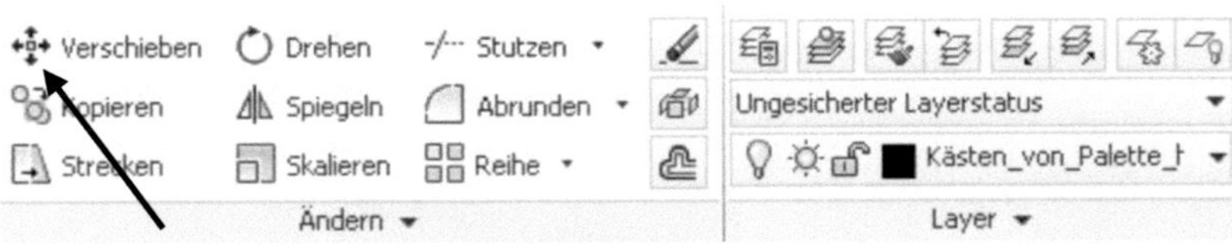

Abb. 124 Befehl: Verschieben

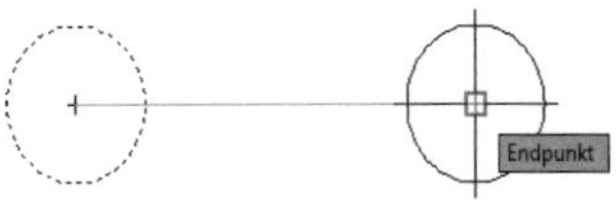

Abb. 125 Objekt verschieben

FUNKTION

- Verschiebt ein Objekt anhand eines Basispunktes auf eine neue, gewünschte Position

4.2.4.4 Die Palette an die korrekte Ausgangsposition verschieben

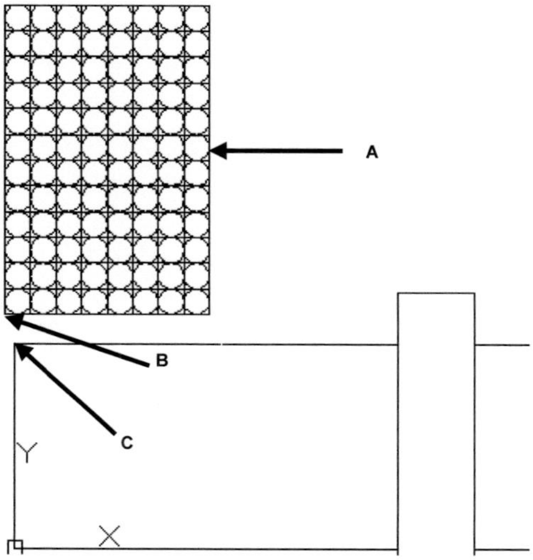

Abb. 126 Palette wird verschoben

Die Palette wurde als Block in die Zeichnung eingefügt und muss jetzt an die korrekte Ausgangsposition der Drehung verschoben werden (Abb. 126).

- ***Verschieben***
- Palette wählen (A)
- [Enter]
- Basispunkt wählen (B)
- Zielpunkt wählen (C)

Der Zielpunkt (C) soll als Basispunkt für die folgende Drehung dienen.

4.2.4.5 Befehlsgrundlagen: Drehen (BG: ÄNDERN)

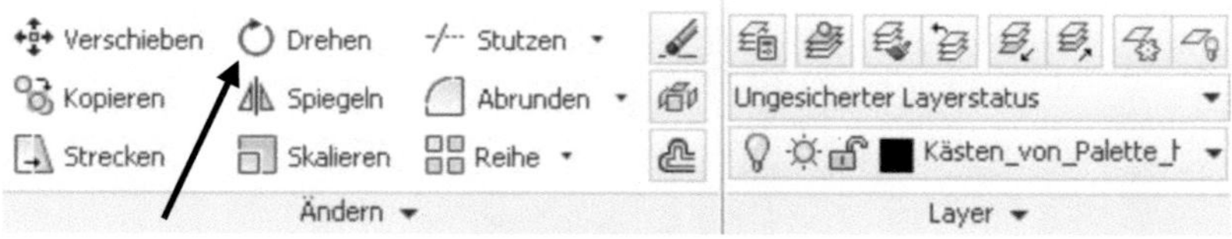

Abb. 127 Befehl: Drehen

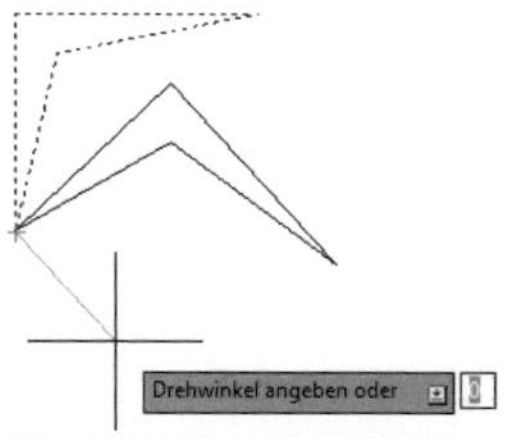

Abb. 128 Drehen eines Objektes

FUNKTION

- Dreht Objekte um einen Basispunkt

OPTIONEN

- [Kopie]: Dreht eine Kopie des Originals
- [Bezug]: Drehung bezieht sich auf einen neuen Basiswinkel (nicht auf das BKS)

4.2.4.6 Die Palette um 90° (UZS) drehen

Die Palette soll jetzt um 90° im UZS gedreht werden. Hierfür kann entweder ein Winkel über die Tastatureingabe festgelegt, oder dieser mittels zweier Punkte definiert werden. Wir verwenden die Zwei-Punkte Methode (Abb. 127).

- ***Drehen***
- Palette wählen (A)
- [Enter]
- Basispunkt der Drehung wählen (B)
- Zielpunkt wählen (C)

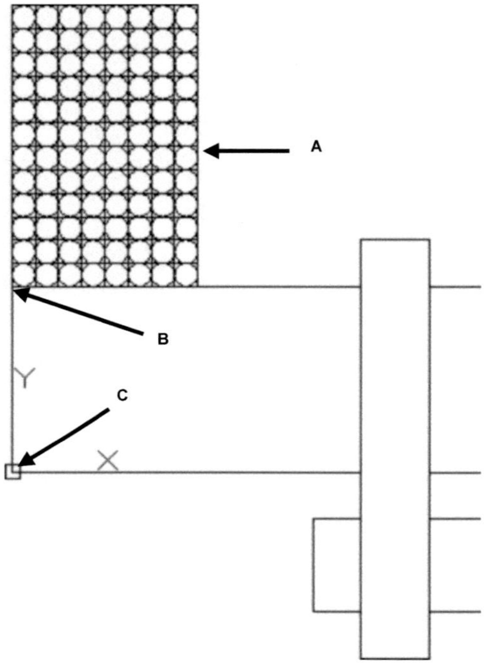

Abb. 129 Palette wird mit der Zwei-Punkte Methode gedreht

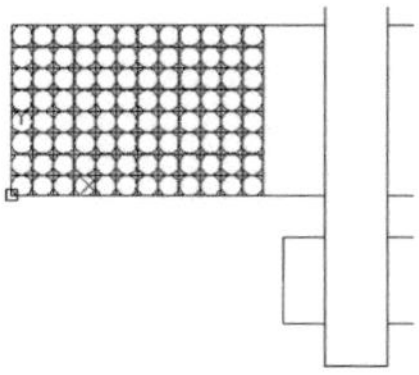

Abb. 130 Palette nach Drehung

4.2.4.7 Die leere Palette als Block einfügen und dabei drehen

Anschließend soll der Block ***Palette_Leer*** eingefügt und gleichzeitig gedreht werden.

- ***Einfügen***
- Durchsuchen...
- Name: [Palette_Leer.dwg]
- Werte aus Abb. 131 übernehmen
- (Drehung: -90°!)
- OK

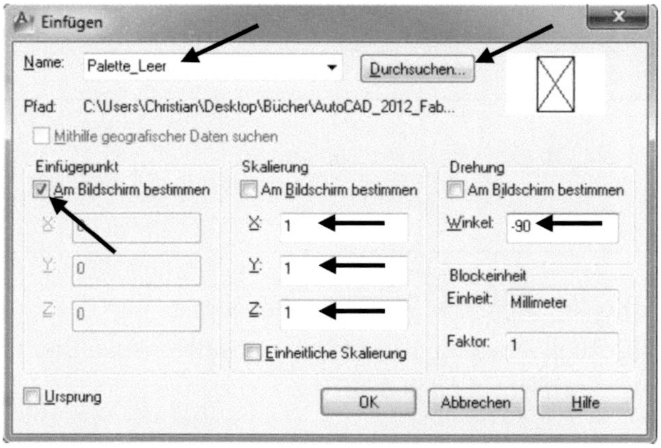

Abb. 131 Block (Palette_Leer) einfügen

Den eingefügten Block anschließend in der Nähe der bereits gezeichneten Maschine able-gen. Die genaue Ablageposition ist auch hier irrelevant, da die Palette anschließend an die korrekte Position verschoben wird.

4.2.4.8 Die Palette an ihre Endposition verschieben

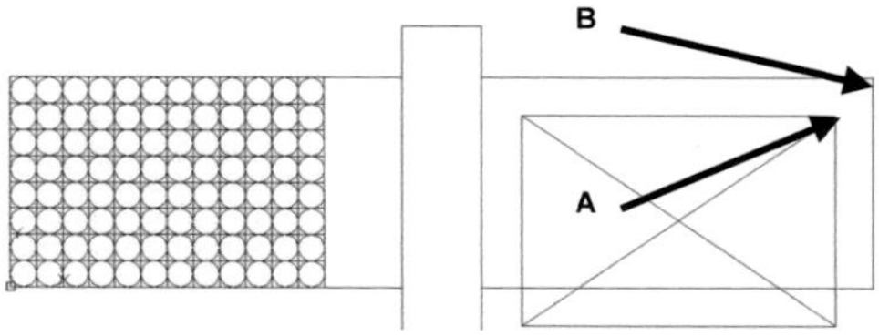

Abb. 132 Palette auf Ausgangsposition (kann bei Ihnen abweichen)

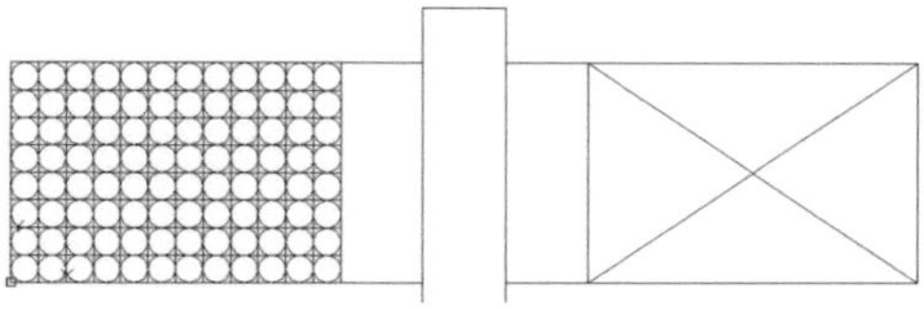

Abb. 133 Palette auf Endposition

Verschieben Sie die Palette an der in Abb. 132 mit A gekennzeichneten Ecke auf den mit B gekennzeichneten Punkt.

- ***Verschieben***
- Palette wählen
- [Enter]
- Basispunkt wählen (A)
- Zielpunkt wählen (B)

Die Drehung der Palette erfolgte bereits während des Einfügens des Blocks.

4.2.4.9 Den vollen Kasten als Block einfügen und dabei drehen

Die Maschine hat die Aufgabe, Kästen und Flaschen von der Palette zu heben und sie auf separate Transportbänder zu setzen. Fügen Sie den Block ***Kasten_Voll*** in die Zeichnung ein und platzieren Sie diesen wie in den folgenden Abbildungen dargestellt.

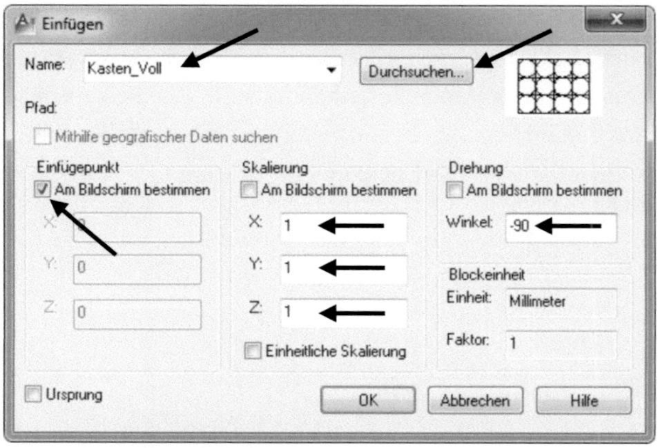

Abb. 134 Block (Kasten_Voll) einfügen

- ***Einfügen***
- Durchsuchen...
- Name: [Kasten_Voll.dwg]
- Optionen übernehmen
- (Drehung: -90°!)
- OK

Der Block ist anschließend mit der linken Maustaste frei im Zeichenbereich abzulegen.

4.2.4.10 Den Kasten an seine Endposition verschieben

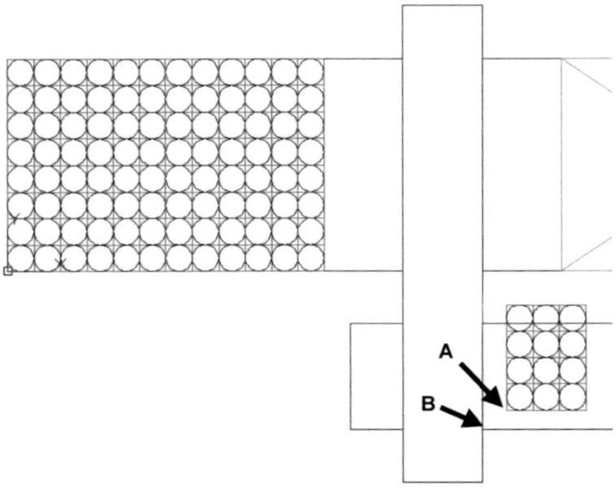

Abb. 135 Kasten auf Ausgangsposition verschieben

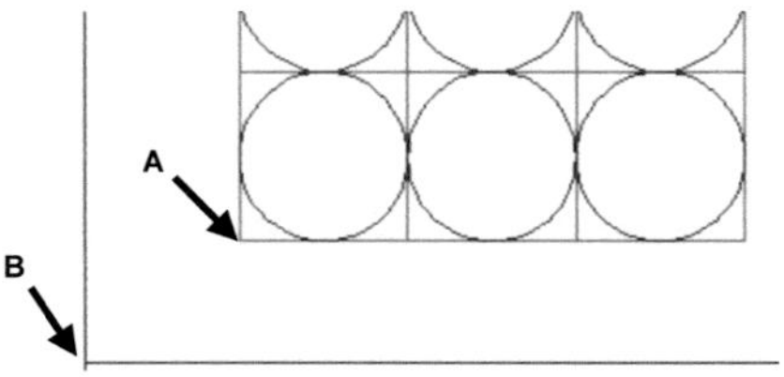

Abb. 136 Detailansicht (Abb. 135)

Abb. 137 Ortho-Modus aktivieren

Verschieben Sie den Kasten anschließend an dem in Abb. 135 mit ***A*** gekennzeichneten Eckpunkt des Kastens auf die mit ***B*** gekennzeichnete Position. Abb. 136 zeigt eine vergrößerte Ansicht der Schnittstelle.

Der Kasten soll danach um 300 mm nach rechts verschoben werden. Um den Kasten lotrecht zu verschieben, sollte vorab in der unteren Befehlsleiste des Programms die Option ***Ortho-Modus*** aktiviert werden (Abb. 138).

Starten Sie den Befehl ***Verschieben***, markieren Sie den Kasten, ziehen Sie den Mauszeiger lotrecht nach rechts und geben Sie per Tastatureingabe den Wert [300] ein. Bestätigen Sie mit der Taste [Enter].

HINWEIS: Der erste [Tab] ermöglicht eine Tastatureingabe der Länge der Verschiebung, ein weiteres Drücken der Taste [Tab] ermöglicht zusätzlich eine Winkeldefinition, bezogen auf den temporär erzeugten Strahl, welcher durch die Maus aufgespannt wird. Da dieser Winkel nicht benötigt wird (die Vorgabe erfolgt durch das Ziehen des Mauspfeils nach Rechts in Verbindung mit dem Ortho-Modus), muss hier kein Wert eingegeben werden.

4.2.4.11 Befehlsgrundlagen: Kopieren (BG: Ändern)

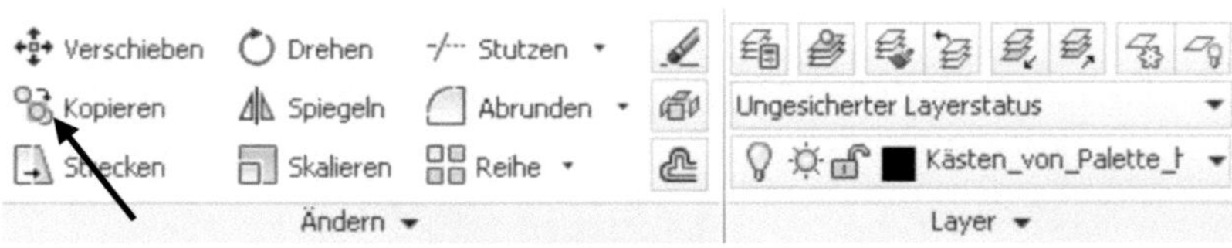

Abb. 138 Befehl: Kopieren

FUNKTION

- Kopiert Objekte mit Referenzpunkten

OPTIONEN

- [Verschiebung]: Abstand über Koordinateneingabe
- [Modus]: Befehl einfach oder mehrfach ausführen
- [Anordnung]: Erzeugt Kopien entlang einer Anordnung
- [Anpassen]: Neudefinition einer Anordnung

4.2.4.12 Kasten kopieren

In der nächsten Übung sollen drei weitere Kästen in einem Abstand von jeweils 300 mm zueinander erzeugt werden. Dies soll durch den Befehl ***Kopieren*** realisiert werden.

Starten Sie den Befehl, wählen Sie dann den in Abb. 139 mit ***A*** markierten Kasten, bestätigen die Auswahl mit der Taste [Enter], wählen Sie als Startpunkt der Verschiebung Punkt ***B*** und als ersten Zielpunkt der Verschiebung den Punkt ***C***. Wiederholen Sie dieses Vorgehen für die beiden anderen Kästen, ohne den Befehl zwischendurch zu beenden. Verwenden Sie die Abb. 139 als Vorlage.

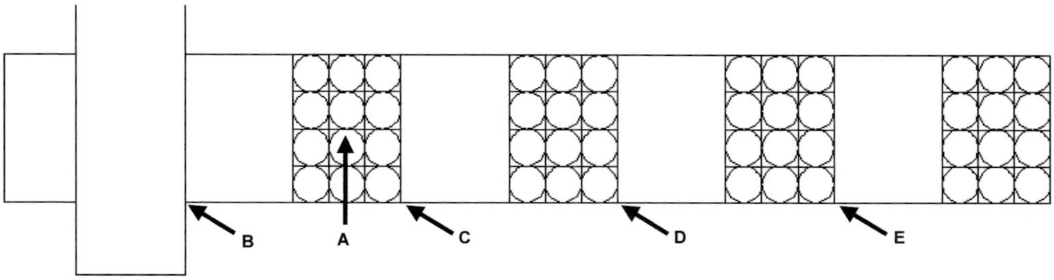

Abb. 139 Kasten kopieren und anordnen

- ***Kopieren***
- Kasten markieren (A)
- [Enter]
- Startpunkt der Verschiebung wählen (B)
- Ersten Zielpunkt wählen (C)
- Zweiten Zielpunkt wählen (D)
- Dritten Zielpunkt wählen (E)
- [Esc]

4.2.4.13 Markieren der Transportband-Laufrichtung durch einen Richtungspfeil

Nachdem die Maschine gezeichnet und Paletten sowie Kästen zur besseren Veranschaulichung eingefügt wurden, soll mit Richtungspfeilen die Laufrichtung der Transportbänder symbolisiert werden. Importieren Sie den Block ***Pfeil.dwg*** aus dem Projektordner.

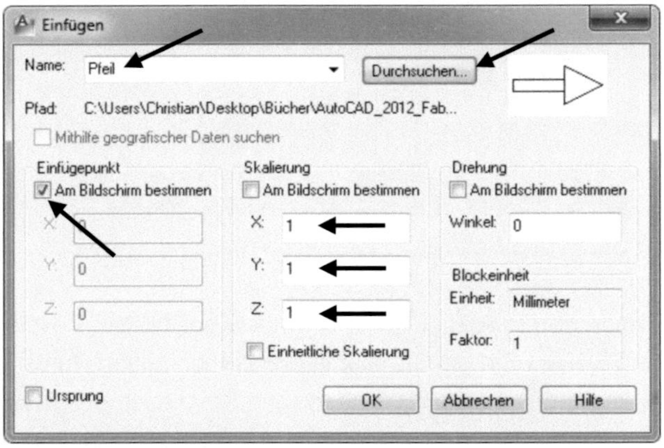

Abb. 140 Block (Pfeil) einfügen

- ***Einfügen***
- Durchsuchen...
- (Projektordner)
- Name: [Pfeil.dwg]
- Optionen übernehmen
- OK

Den Block anschließend wie in Abb. 141 A dargestellt ablegen.

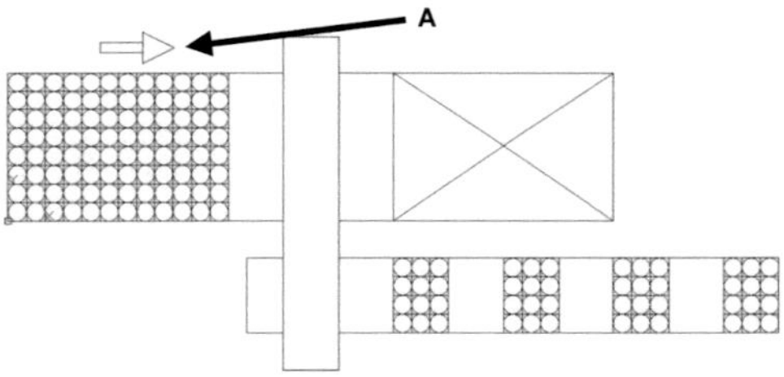

Abb. 141 Pfeil als Block einfügen ablegen

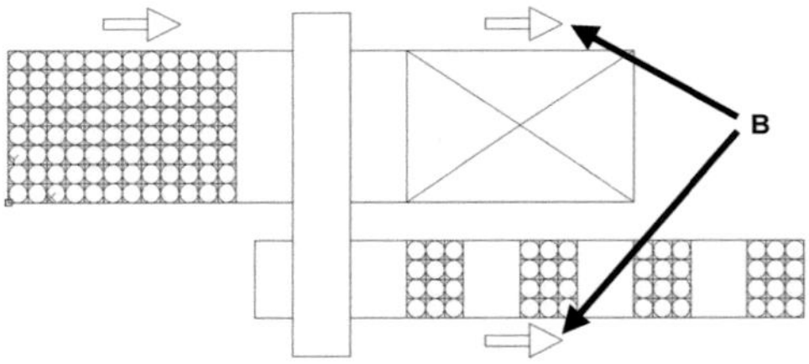

Abb. 142 Pfeil kopieren (2x) und wie dargestellt ablegen

Der erste Pfeil soll, wie in Abb. 141 dargestellt, auf der mit A gekennzeichneten Position abgelegt werden. Verwenden Sie den Befehl ***Kopieren***, um den ersten Pfeil zu kopieren und zwei weitere Male einzufügen (Abb. 142 B).

4.2.5 Befehlsgruppe: BESCHRIFTUNG

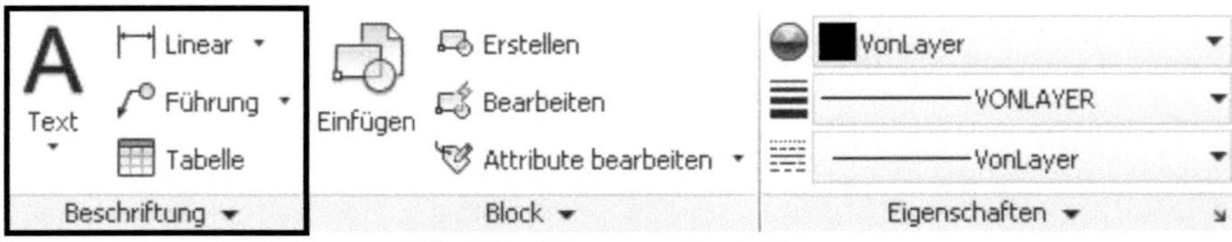

Abb. 143 Befehlsgruppe: Beschriftung

4.2.5.1 Befehlsgrundlagen: Einzelne Zeile

Abb. 144 Befehl: Einzelne Zeile

FUNKTION

- Erstellt einen einzeiligen Text

OPTIONEN

- [Position]: Textausrichtung (Menü)
- [Stil]: Textstil wählen

4.2.5.2 Beschriften der Maschine

Abschließend soll die Maschine beschriftet werden. Erzeugen Sie den Text [***Kästen von Paletten heben***] als ***Einzelne Zeile*** und platzieren Sie ihn wie in Abb. 145 dargestellt.

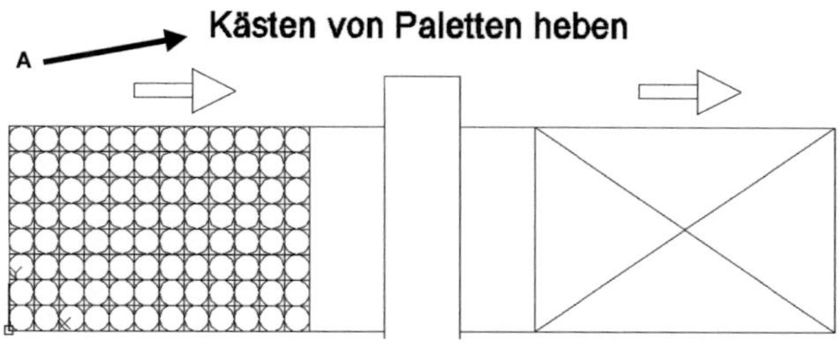

Abb. 145 Maschinen-Beschriftung einfügen

- ***Einzelne Zeile***
- Startpunkt setzen (A)
- Wert für Höhe eingeben: [100]
- [Enter]
- Wert für Drehwinkel eingeben: [0]
- [Enter]
- Text: [Kästen von Paletten heben]
- [Enter] > [Enter]

Mit der Beschriftung wurde die aktuelle Zeichnung fertiggestellt und kann jetzt ***gespeichert*** und geschlossen werden. Hiermit verlassen Sie die Einzelzeichnungen und erzeugen in der folgenden Übung die erste Zusammenbauzeichnung.

4.2.5.3 Neue Zeichnung für die Produktionslinie erzeugen

Die Produktionslinie soll in mehreren Schritten zusammengestellt werden. Erzeugen Sie eine neue Zeichnung und speichern Sie diese als ***01_00_Produktionslinie.dwg*** ab.

- ***Neu***
- Vorlage: acadiso.dwt
- [Öffnen]

- ***Speichern***
- Dateiname: [01_00_Produktionslinie]
- Dateityp: *.dwg

Die Zeichnung der Produktionslinie soll aus den einzelnen Maschinen zusammengesetzt werden, welche nacheinander als Block eingefügt werden. In den vergangenen Übungen wurden Blöcke stets ohne die Verwendung der Ursprungskoordinaten importiert. In den folgenden Schritten soll das Einfügen der Blöcke stets unter Verwendung des BKS erfolgen. Alle vorgefertigten Zeichnungen (außer unsere selbst gezeichnete Maschine) besitzen bereits eine auf das Gesamtsystem bezogene Position zum Koordinatenursprung. Somit wird das Einfügen der Blöcke vereinfacht, und jede Maschine, jedes Transportsystem und alle Fabrikhallenobjekte direkt auf die hierfür vorgesehene Position gesetzt.

4.2.5.4 Maschinen der Produktionslinie importieren

Beim Einfügen der folgenden Blöcke ist darauf zu achten, dass die Option ***Einfügepunkt am Bildschirm bestimmen*** deaktiviert ist und die Koordinaten für den Einfügepunkt die Werte X = 0, Y = 0 und Z = 0 betragen. Die restlichen Einstellungen sind Abb. 146 zu entnehmen.

Abb. 146 Block (01_01_Wareneingang) einfügen

Einfügen

[Durchsuchen...] (Projektordner)

Name: [01_01_Wareneingang.dwg]

Einfügepunkt: Am Bildschirm bestimmen: Deaktivieren!

X: 0

Y: 0

Z: 0

[OK]

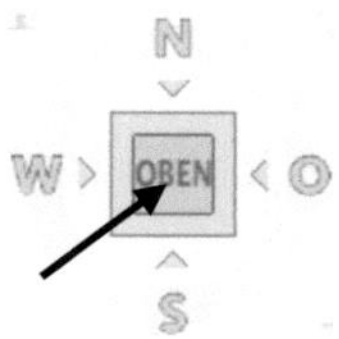

Abb. 147 ViewCube

Um das neu eingefügte Objekt sichtbar zu machen, kann am ***ViewCube*** die Ansicht ***OBEN*** gewählt werden. Eine Alternative wäre der Zoombefehl ***Zoom Grenzen*** in der Navigationsleiste. Nach der Platzierung des ersten Blocks (01_01_Wareneingang.dwg) sind aus dem Projektordner weitere Blöcke zu importieren.

Alle Zeichenobjekte besitzen eine definierte Position im Koordinatensystem und müssen daher mit der deaktivierten Option ***Einfügepunkt: Am Bildschirm bestimmen*** und den Einfügepunkten X = 0, Y = 0, Z = 0 platziert werden. Der Befehl ***Einfügen*** muss für jeden Block neu ausgeführt werden, da eine Mehrfachauswahl nicht möglich ist.

<u>Fügen Sie jetzt nacheinander die folgenden Blöcke ein (Projektordner):</u>

- 01_03_Palettenspeicher
- 01_04_Flaschen_aus_Kästen_heben
- 01_05_Kastenwaschmaschine
- 01_06_Kastenspeicher
- 01_07_Flaschenspeicher_01
- 01_08_Flaschenkontrolle_01
- 01_09_Flaschenwaschmaschine
- 01_10_Flaschenkontrolle_02
- 01_11_Flaschenspeicher_02
- 01_12_Füllen_Schließen_Etikettieren
- 01_13_Flaschen_in_Kästen_heben
- 01_14_Kästen_auf_Paletten_heben
- 01_15_Warenausgang
- 01_16_Flaschentransportsystem

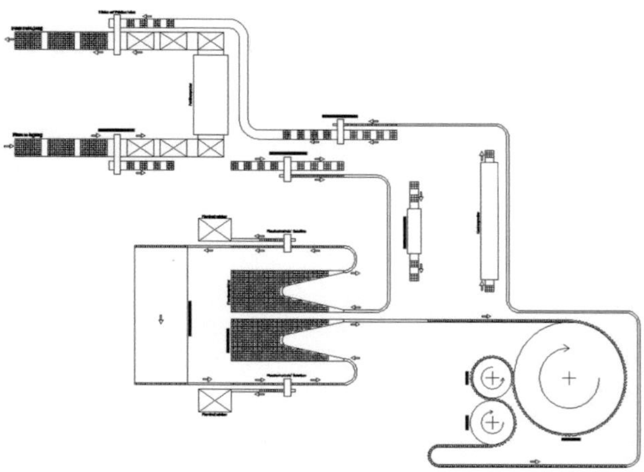

Abb. 148 Produktionslinie mit den importierten Maschinen

Das Resultat sollte die in Abb. 148 dargestellte Anlage sein, welche in den folgenden Übungen komplettiert werden muss. Im ersten Schritt ist die noch fehlende Maschine ***Kästen von Paletten heben*** als Block in die Zeichnung einzufügen. Der Einfügepunkt des Blocks ist diesmal allerdings manuell zu wählen. Die Option ***Einfügepunkt: Am Bildschirm bestimmen*** ist dabei also zu aktivieren.

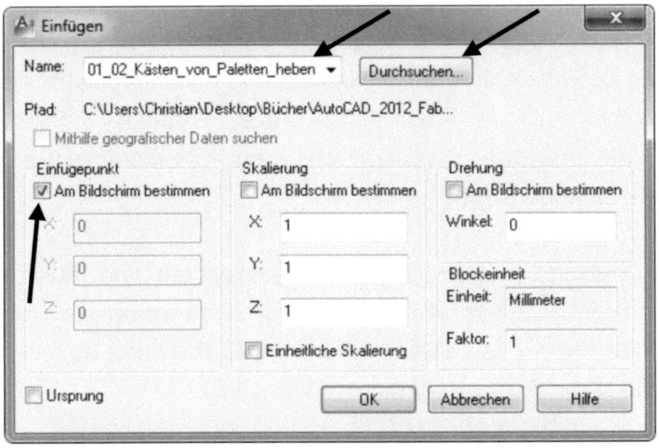

Abb. 149 Block (01_02_Kästen_von_Palette_heben) einfügen

- **_Einfügen_**
- Durchsuchen...
- Name: [01_02_Kästen_von_Paletten_heben.dwg]
- Optionen (Abb. 149) übernehmen
- Einfügepunkt: Am Bildschirm bestimmen: Aktivieren!
- OK

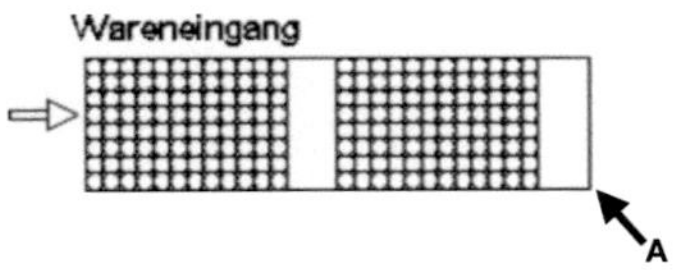

Abb. 150 Einfügeposition des Blocks

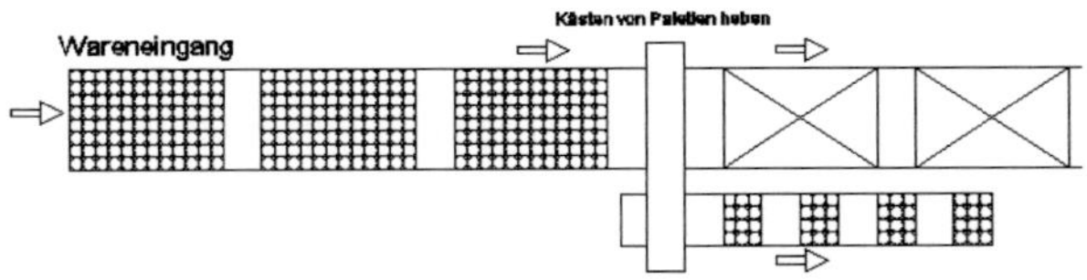

Abb. 151 Block wurde zwischen Wareneingang und Transportband eingefügt

Nach der Auswahl des Blocks sollte dieser noch am Mauspfeil hängen. Wenn Sie beim Zeichnen der Maschine auf die richtige Position des Koordinatenursprungs geachtet haben, kann der Block auf die in Abb. 150 markierte Position ***A*** gesetzt werden.

Die Maschine sollte jetzt passgenau zwischen Wareneingang und Transportband des Palettenspeichers angeordnet werden. Sollte dies bei Ihnen nicht der Fall sein, verwenden Sie den Befehl ***Verschieben***, um es zu korrigieren. Abb. 151 zeigt den korrekt platzierten Block.

4.2.5.5 Layer: Transportsysteme

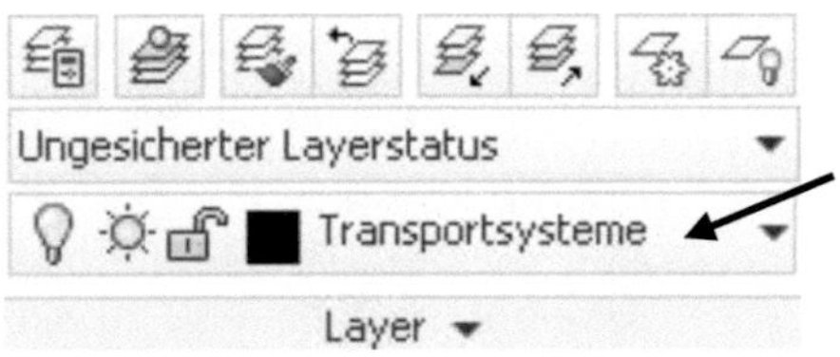

Abb. 152 Layer: Transportsysteme erzeugen

Mit dem Einfügen der letzten Maschine kann anschließend mit der Komplettierung der Transportsysteme begonnen werden. Hierfür ist vorab der Layer ***Transportsysteme*** zu aktivieren (Abb. 152).

4.2.5.6 Zeichnen des Kastentransportsystems mittels Rechteck und Polylinie

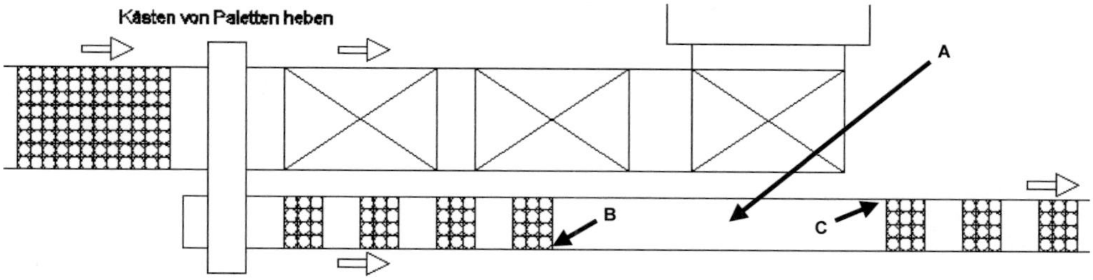

Abb. 153 Kastentransportsystem mit geschlossener Lücke

Zwischen den Maschinen ***Kästen von Palette heben*** und ***Flaschen aus Kästen heben*** soll im ersten Schritt das fehlende Kastentransportband gezeichnet werden (Abb. 153). Schließen Sie die markierte Lücke ***A*** mit einem ***Rechteck***, dessen Start- und Endpunkt in den markierten Punkten ***B*** und ***C*** liegen. Im weiteren Verlauf des Kastentransportsystems (nach der Maschine ***Flaschen aus Kästen heben***) soll das fehlende Transportband mit einer Polylinie gezeichnet werden. Starten Sie den Befehl ***Polylinie*** und setzen Sie den Startpunkt der Linie auf den in Abb. 154 markierten Punkt ***D***.

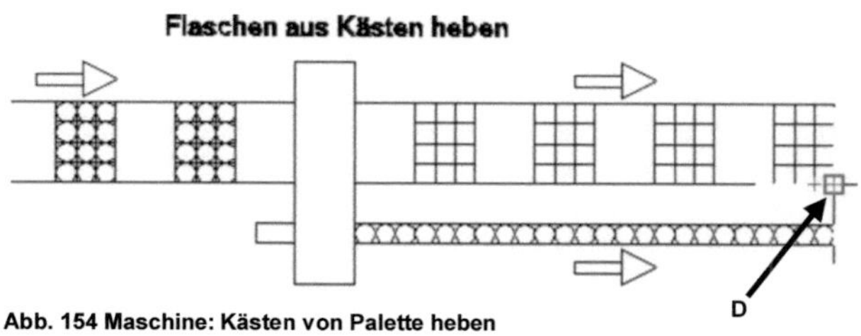

Abb. 154 Maschine: Kästen von Palette heben

Zeichnen Sie den ersten Abschnitt der Linie unter Verwendung des ***Ortho-Modus*** um 3000 mm nach rechts (Abb. 155 E). Zeichnen Sie den zweiten Abschnitt der Linie anschließend um 500 mm nach unten (F).

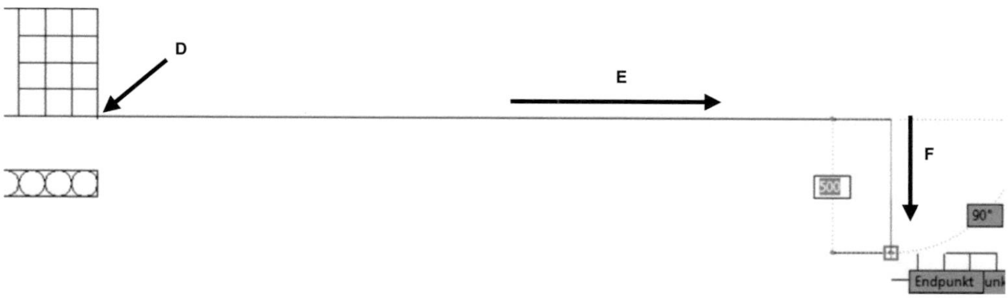

Abb. 155 Linie mit Länge 3000 mm nach rechts, dann 500 mm nach unten zeichnen

- ***Polylinie***
- Startpunkt Abb. 154 D
- Maus nach rechts ziehen (Abb. 155 E)
- Tastatureingabe: [3000]
- [Enter]
- Maus nach unten ziehen (Abb. 155 F)
- Tastatureingabe: [500]
- [Enter]
- [Esc]

4.2.5.7 Befehlsgrundlagen: Abrunden (BG: ÄNDERN)

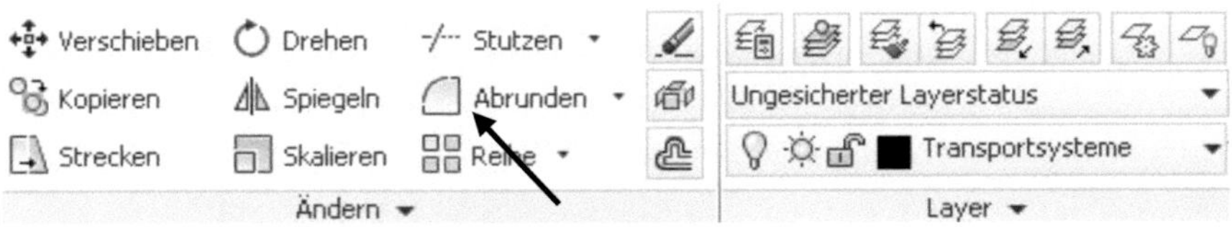

Abb. 156 Befehl: Abrunden

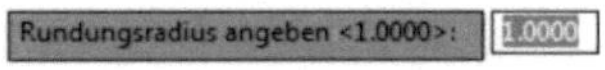

Abb. 157 Wert für Radius angeben

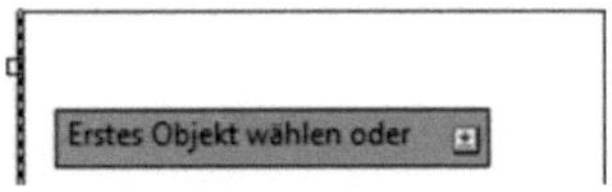

Abb. 158 Erste Linie wählen

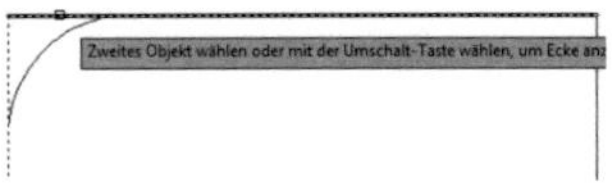

Abb. 159 Zweite Linie wählen

Abb. 160 Erzeugter Radius

FUNKTION

- Ermöglicht das Runden sich schneidender Objekte

OPTIONEN

- [Rückgängig]: Löscht die letzte Eingabe
- [Polylinie]: Rundet eine komplette Polylinie
- [Radius]: Definiert den Rundungsradius
- [Stutzen]: Auswahl [Ja]: Entfernt die Linienecke nach dem Runden; Auswahl [Nein]: Fügt nur den Bogen tangential ein
- [Mehrere]: Ermöglicht in einem Befehl mehrere Rundungen, auch mit unterschiedlichen Radien

4.2.5.8 Abrunden der Polylinie

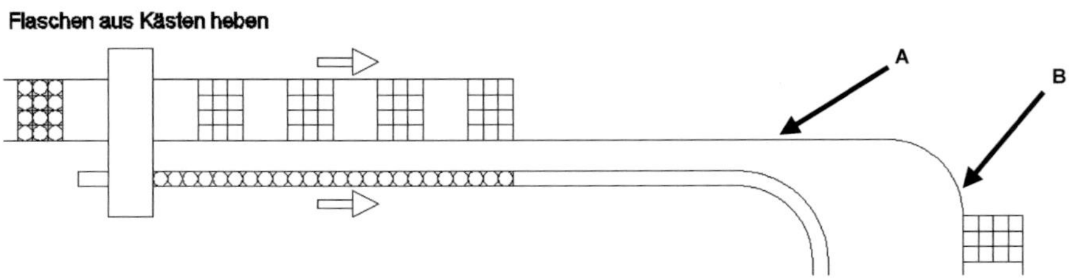

Abb. 161 Abrunden der Polylinie

Die zuletzt gezeichnete Polylinie soll jetzt in ihrem Eckpunkt um 500 mm abgerundet werden. Starten Sie den Befehl ***Abrunden***, wählen Sie die Option ***Radius***, tragen Sie den Wert [500] ein und wählen Sie anschließend nacheinander die beiden Linienabschnitte der Polylinie (Abb. 161 A, B).

- ***Abrunden***
- Option: [Radius]
- [Enter]
- Werteingabe: [500]
- [Enter]
- Erste Linie wählen (Abb. 161 A)
- Zweite Linie wählen (Abb. 161 B)

4.2.5.9 Befehlsgrundlagen: Versetzen (BG: ÄNDERN)

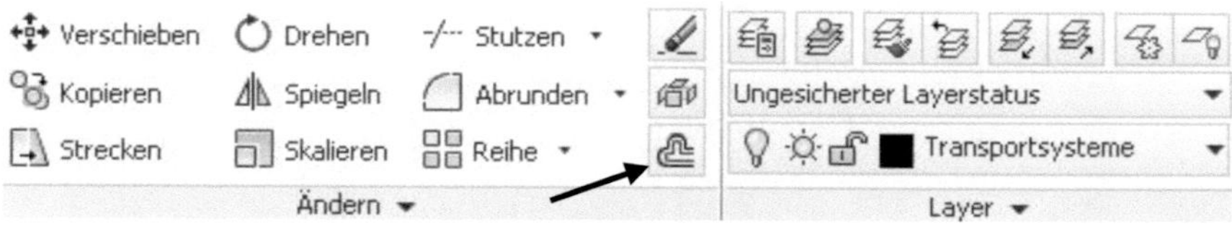

Abb. 162 Befehl: Versetzen

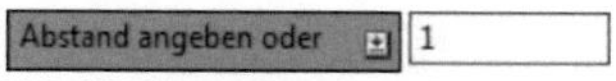

Abb. 163 Abstandswert angeben

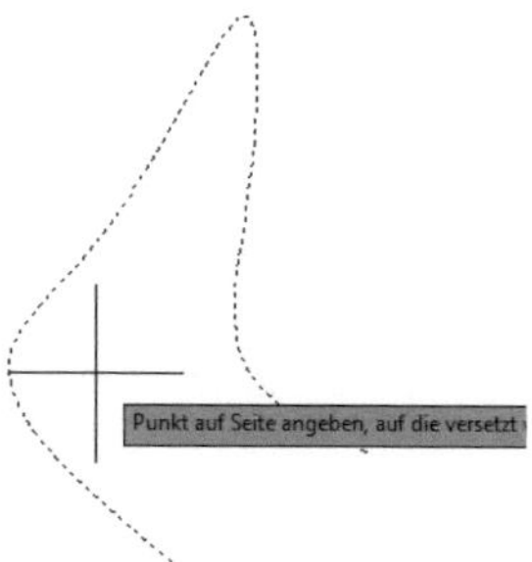

Abb. 164 Objekt und Seite wählen

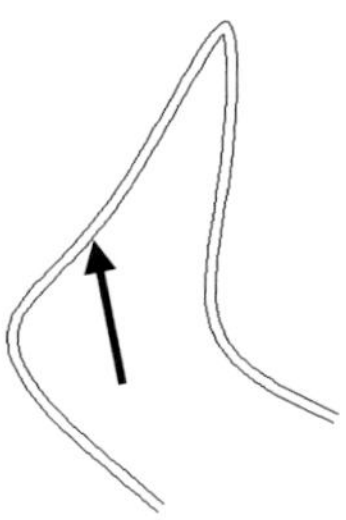

Abb. 165 Quellobjekt mit Kopie

FUNKTION

- Erzeugt eine versetzte (angepasste) Kopie eines Objektes mit konstantem Abstand zu jedem Punkt des Objektes

OPTIONEN

- [Durch Punkt]: Parallelversetzung der Geometrie durch gewählten Punkt
- [Löschen]: Bietet die Option an, die gewählte Geometrie nach dem Versetzen zu löschen
- [Layer]: Legt fest, ob versetzte Objekte auf dem aktuellen Layer oder auf dem Layer des Quellobjekts erstellt werden
- [Mehrfach]: Geometrie kann mehrfach versetzt (kopiert) werden
- [Rückgängig]: Löschen der Versetzung
- [Beenden]: Befehl abbrechen

4.2.5.10 Versetzen der Polylinie

Das Transportband muss im Anschluss nach oben abgegrenzt werden. Hier könnte entweder wieder eine Polylinie gezeichnet und anschließend gerundet werden, oder der Befehl ***Versetzen*** verwendet werden. Dieser Befehl ermöglicht es, vorhandene geometrische Objekte zu kopieren und zeitgleich zu versetzen. Dabei werden geometrische Besonderheiten übernommen und auf das zu versetzende Objekt angewandt.

Die Vorgehensweise ist hierbei relativ einfach. Starten Sie den Befehl, geben Sie den Abstandswert [400] ein und bestätigen Sie diesen mit [Enter]. Wählen Sie dann das zu verletzende Objekt und anschließend einen beliebigen Punkt auf der Seite, nach welcher das Objekt versetzt werden soll.

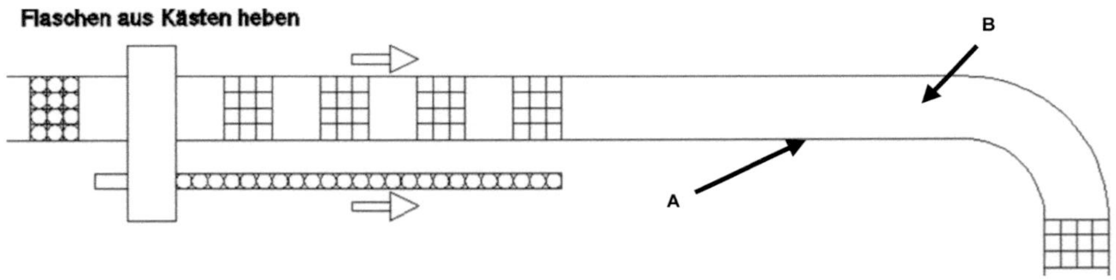

Abb. 166 Polylinie wurde kopiert und um 400 mm nach oben versetzt

- ***Versetzen***
- Abstand: [400] eingeben
- [Enter]
- Zu versetzendes Objekt wählen (Abb. 166 A)
- Punkt auf Seite wählen, in deren Richtung versetzt werden soll (Abb. 166 B)
- [Esc]

HINWEIS: Die genaue Position des Punktes (B) ist nicht relevant, entscheidend ist nur die Richtung (vom Original aus gesehen).

4.2.5.11 Kastenwaschmaschine mit Kastenspeicher verbinden

In der folgenden Übung sollen Kastenwaschmaschine und Kastenspeicher durch ein weiteres Transportband miteinander verbunden werden. Wiederholen Sie die Befehle ***Polylinie***, ***Abrunden***, ***Versetzen*** und ***Ortho-Modus***, um die im folgenden dargestellte Verbindung des Kastentransportbandes selbständig zu erzeugen.

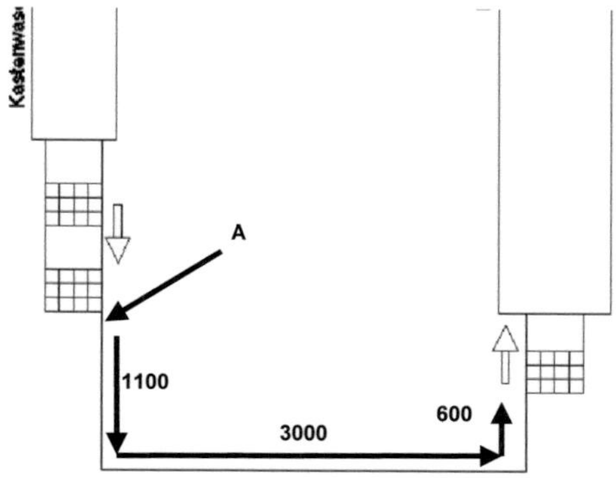

Abb. 167 Zeichnen der Polylinie

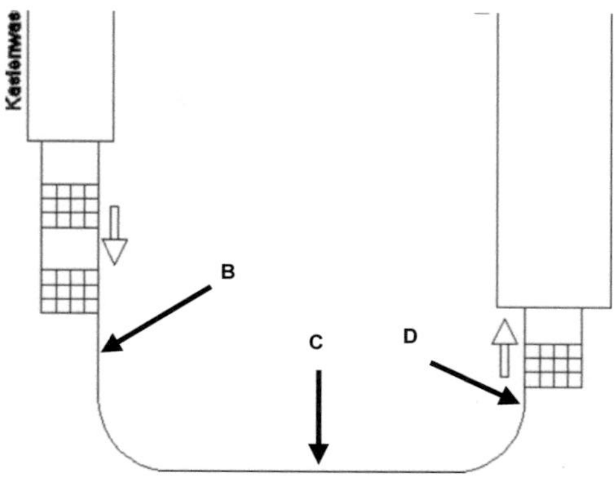

Abb. 168 Abrunden der Ecken

- ***Polylinie***
- Startpunkt an Position A (Abb. 167)
- Linie um [1100] nach unten zeichnen
- Linie um [3000] nach rechts zeichnen
- Linie um [600] nach oben zeichnen
- [Esc]

HINWEIS: Der letzte Punkt der Polylinie kann mit der Maus am Eckpunkt des Kastenspeichers abgelegt werden.

- ***Abrunden***
- Erste Linie wählen (Abb. 168 B)
- Zweite Linie wählen (Abb. 168 C)
- ***Abrunden***
- Zweite Linie wählen (Abb. 168 C)
- Dritte Linie wählen (Abb. 168 D)

HINWEIS: Der Radius (500 mm) sollte noch vom letzten Abrunden voreingestellt sein, muss also nicht neu definiert werden. Achten Sie trotzdem auf die Einstellungen im Textfenster.

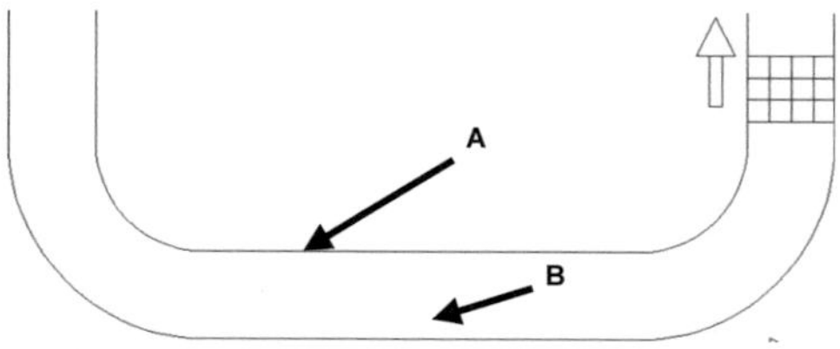

Abb. 169 Polylinie wurde kopiert und 400 mm versetzt

- ***Versetzen***
- Abstand: [400] eingeben
- [Enter]
- Zu versetzendes Objekt wählen (Abb 169 A)
- Punkt auf Seite wählen, in deren Richtung versetzt werden soll (Abb. 169 B)
- [Esc]

4.2.5.12 Kastenspeicher mit Flaschenheber verbinden

Im nächsten Schritt sind Kastenspeicher und Flaschenheber durch ein Transportband miteinander zu verbinden (Abb. 170).

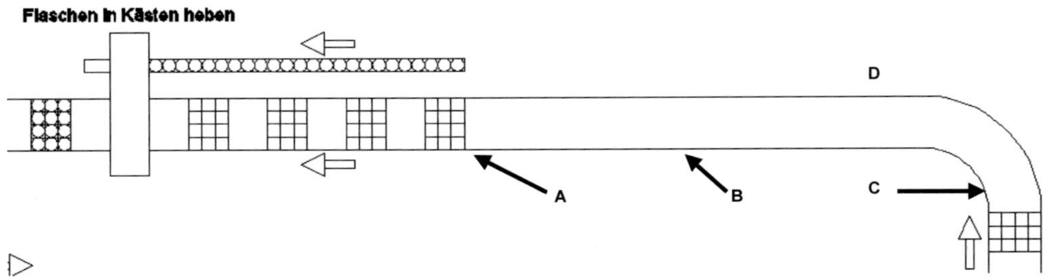

Abb. 170 Transportband zwischen Kastenspeicher und Flaschenheber

- ***Polylinie***
- Startpunkt an Position A (Abb. 170)
- Linie um [4000] nach rechts zeichnen
- Linie um [500] nach unten zeichnen
- [Esc]

- ***Abrunden***
- Erste Linie wählen (B)
- Zweite Linie wählen (C)

- ***Versetzen***
- Abstand: [400] eingeben
- [Enter]
- Zu versetzendes Objekt wählen (Abb. 170 B)
- Punkt auf Seite wählen, in deren Richtung versetzt werden soll (Abb. 170 D)
- [Esc]

4.2.5.13 Flaschenheber mit Kastenheber verbinden

Der letzte offene Bereich des Kastentransportbandes befindet sich zwischen Kasten- und Flaschenheber (Abb. 171).

- ***Polylinie***
- Startpunkt an markierter Position (Abb. 171 A)
- Linie [3000] nach rechts zeichnen (B)
- Linie [5000] nach unten zeichnen (C)
- Linie [2050] nach rechts zeichnen (D)
- [Esc]

- ***Abrunden***
- [Radius]
- [Enter]
- [500]
- [Enter]
- Erste Linie wählen (B)
- Zweite Linie wählen (C)

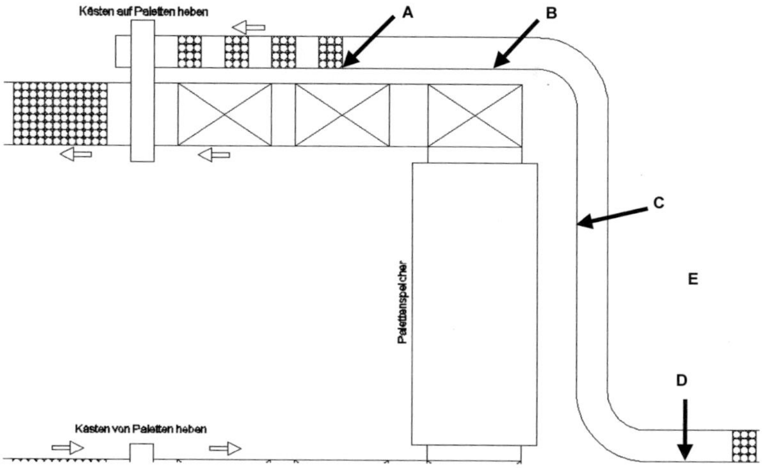

Abb. 171 Kastentransportsystem zwischen Flaschen- und Kastenheber

- ***Abrunden***
- [Radius]
- [Enter]
- [900]
- [Enter]
- Erste Linie wählen (C)
- Zweite Linie wählen (D)

- ***Versetzen***
- Abstand: [400] eingeben
- [Enter]
- Zu versetzendes Objekt wählen
- Punkt auf Seite wählen, in deren Richtung versetzt werden soll (E)
- [Esc]

Der letzte offene Bereich des Kastentransportsystems wurde geschlossen, die Produktionslinie ist damit komplett. Vor dem Schließen der Zeichnung sollten die Abmessungen der Produktionslinie ermittelt werden. Das ist notwendig, um die benötigten Platzverhältnisse der Produktionslinie in der Fabrikhalle festlegen zu können.

4.2.6 Befehlsgruppe: DIENSTPROGRAMME

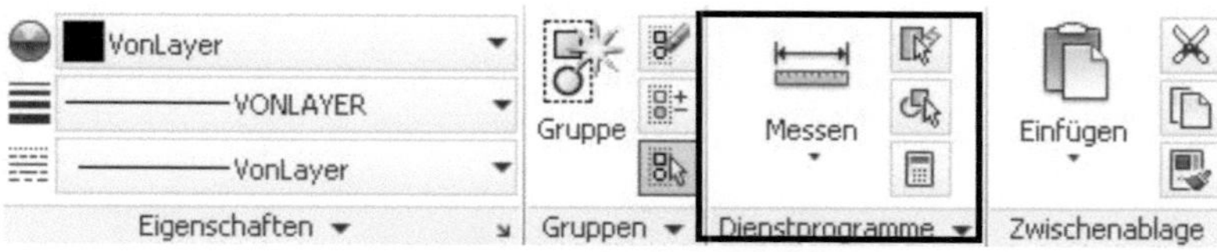

Abb. 172 Befehlsgruppe: Dienstprogramme

Diese Befehlsgruppe dient zur schnellen Analyse diverser geometrischer Daten (Abstände, Winkel, Flächen, Volumeninhalte).

4.2.6.1 Befehlsgrundlagen: Abstand messen

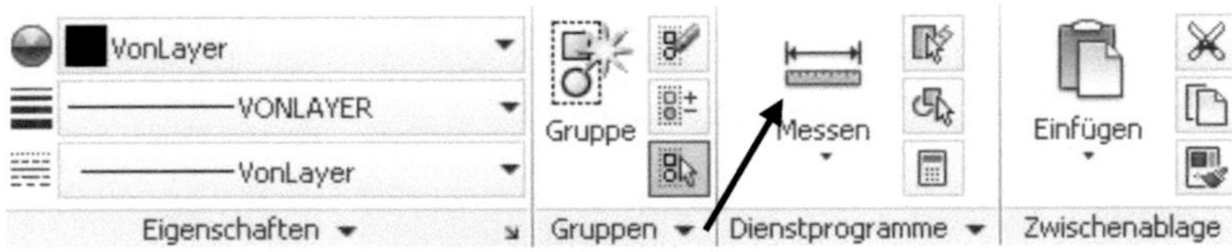

Abb. 173 Befehl: Abstand messen

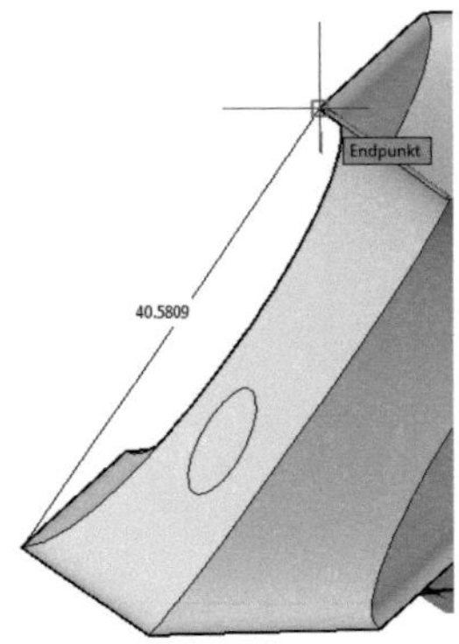

Abb. 174 Abstand messen

FUNKTION

- Misst den linearen Abstand zwischen zwei Punkten

OPTIONEN

- [Abstand]: Startet den Befehl [Abstand messen]
- [Radius]: Wechselt zum Befehl [Radius messen]
- [Winkel]: Wechselt zum Befehl [Winkel messen]
- [Fläche]: Wechselt zum Befehl [Fläche messen]
- [Volumen]: Wechselt zum Befehl [Volumen messen]

4.2.6.2 Ermitteln der benötigten Basisfläche der Produktionslinie

Um genügend Platz für die Produktionsfläche innerhalb der Fabrikhalle einplanen zu können, müssen vorher deren Abmessungen ermittelt werden. Verwenden Sie hierfür den Befehl ***Abstand messen***.

- ***Abstand messen***
- Erster Messpunkt: Punkt A (Abb. 175)
- Zweiten Messpunkt: Punkt B (Abb. 175)

Die Auswertung zeigt Länge (C) und Breite (D) der gesamten Produktionslinie an. Im Ergebnis können wir sehen, dass eine Basisfläche von ca. 29000 x 20000 mm benötigt wird. Ein zusätzlicher Sicherheitsbereich von jeweils 2 m ergibt eine notwendige Gesamtfläche von 31 x 22 m für die eigentliche Produktionsfläche.

Beenden Sie den Messbefehl mit [Esc], ***speichern*** und schließen Sie anschließend die Zeichnung.

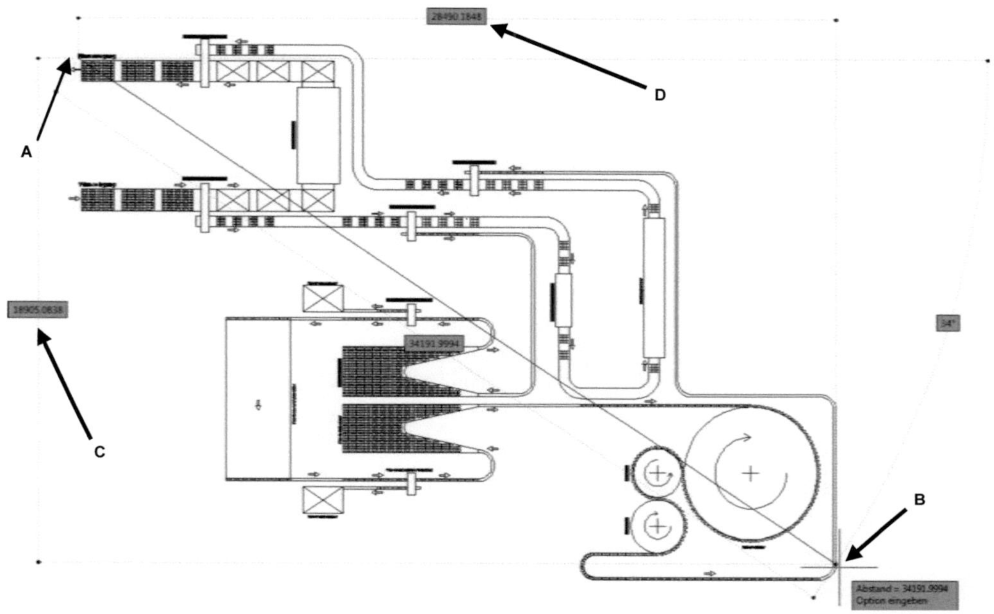

Abb. D Abmessungen der Produktionslinie ermitteln

4.2.6.3 Neue Zeichnung für Fabrikhalle und Außenbereich erzeugen

Im folgenden Schritt sollen Grundstück und Fabrikhalle gezeichnet werden. Erzeugen Sie eine neue Datei und speichern Sie diese als ***02_00_Fabrikhalle_mit_Außenbereich.dwg*** ab.

- ***Neu***
- Vorlage: acadiso.dwt
- Öffnen

- ***Speichern***
- Dateiname: [02_00_Fabrikhalle_mit_Außenbereich]
- Dateityp: *.dwg

4.2.6.4 Layer: Fabrikhalle

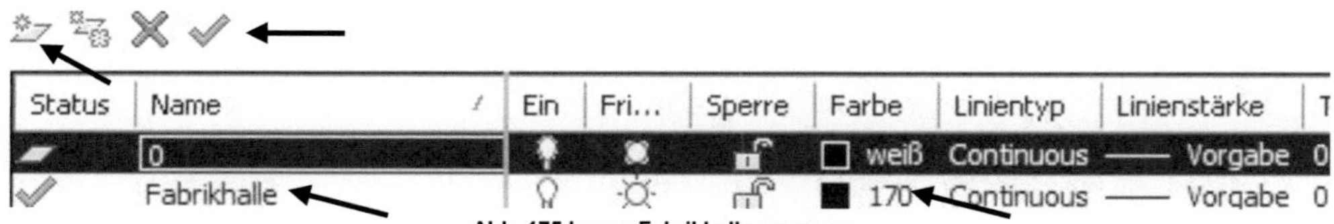

Abb. 175 Layer: Fabrikhalle erzeugen

- ***Layereigenschaften-Manager***
- Neuer Layer
- Name: [Fabrikhalle]
- Farbe: [170]
- Layer ✔ aktivieren
- Layereigenschaften schließen

4.2.6.5 Basisbereich für Produktionslinie mittels Rechteck darstellen

Nachdem die Abmessungen des Produktionsbereiches ermittelt wurden, soll dieser vereinfacht dargestellt werden. Zeichnen Sie ein ***Rechteck*** mit den folgenden Werten:

- ***Rechteck***
- Erster Punkt: [0] > [Tab] > [0]
- [Enter]
- Zweiter Punkt:
- [31000] > [Tab] > [22000]
- [Enter]

4.2.6.6 Basisbereich um Logistikbereich erweitern

Um den Produktionsbereich herum soll ein weiterer Bereich für logistische Zwecke erzeugt werden. Verwenden Sie hierfür den Befehl ***Versetzen*** (Abb. 176).

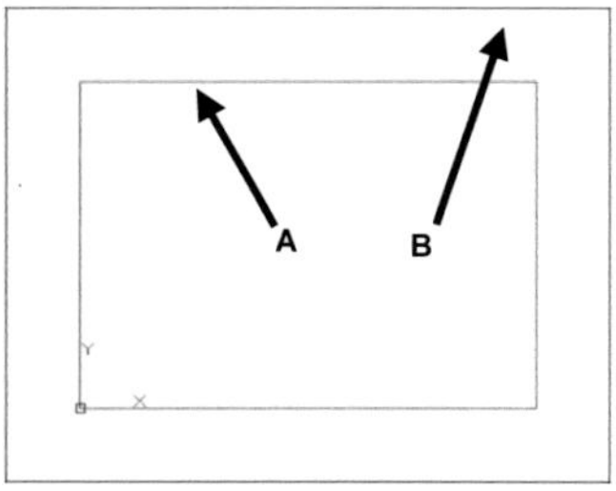

Abb. 176 Produktions- und Logistikbereich

- ***Versetzen***
- Abstand: [5000] eingeben
- [Enter]
- Zu versetzendes Objekt wählen (A)
- Punkt auf Seite wählen, in deren Richtung versetzt werden soll (B)
- [Esc]

4.2.6.7 Lagerbereich und Sozialtrakt

Rechts und links neben Produktions- und Logistikbereich sollen zwei weitere Bereiche (Warenein- und Warenausgang, sowie Sozialtrakt) entstehen. Zeichnen Sie zwei ***Rechtecke*** mit den folgenden Koordinaten:

- ***Rechteck***
- Startpunkt: Punkt A (Abb. 177)
- Endpunkt: [-10000] > [Tab] > [32000]
- [Enter]

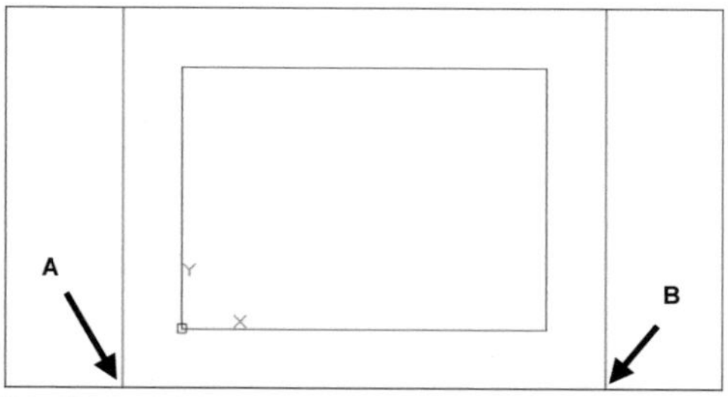

Abb. 177 Produktions-, Logistik-, Lagerbereich und Sozialtrakt

- ***Rechteck***
- Startpunkt: Punkt B (Abb. 177)
- Endpunkt: [10000] > [Tab] > [32000]
- [Enter]

4.2.6.8 Hallenpfeiler zeichnen und rechteckig anordnen

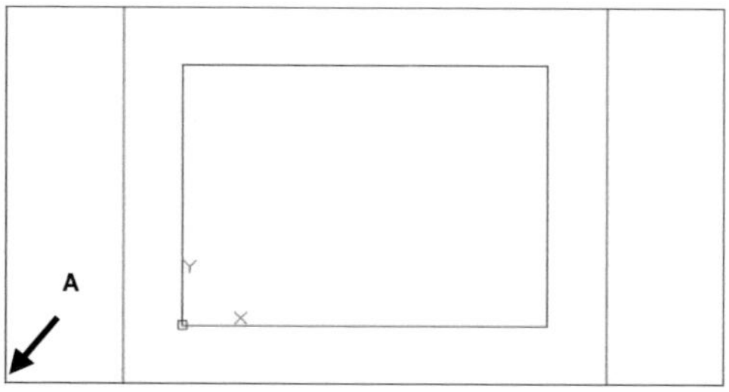

Abb. 178 Rechteck (200 x 200) in markierte Ecke zeichnen

Zeichnen Sie für die Träger der Wand- und Deckenkonstruktion (Hallenpfeiler) ein kleines **Rechteck** (200 x 200 mm) in die markierte Ecke (Abb. 178 A).

- ***Rechteck***
- Erster Punkt: Eckpunkt (A)
- Endpunkt: [200] > [Tab] > [200]
- [Enter]

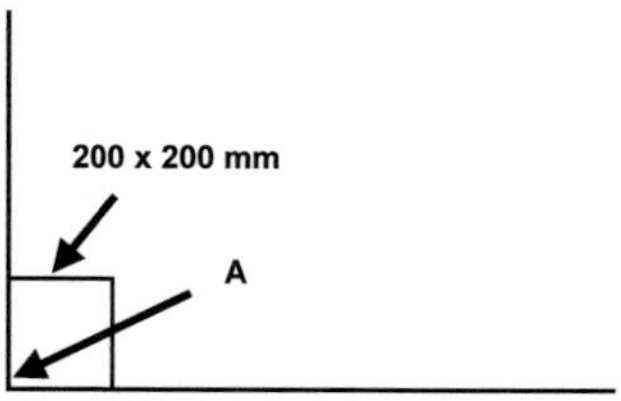

Abb. 179 Rechteck (Hallenpfeiler) von 200 x 200

Kopieren Sie das Rechteck als ***Rechteckige Anordnung***. Erzeugen Sie eine vereinfachte rechteckige Anordnung und bearbeiten Sie diese anschließend.

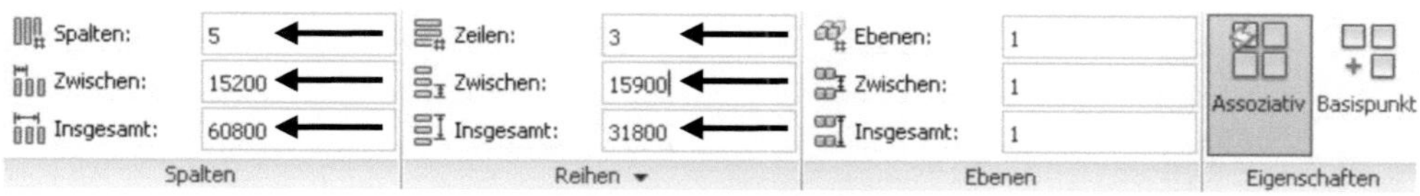

Abb. 180 Hallenpfeiler rechteckig Anordnen

- ***Rechteckige Anordnung (Reihe)***
- Rechteck (200 x 200) markieren
- [Enter]
- Werte aus Abb. 180 übernehmen
- Anordnung schließen

Alle 15 Rechtecke sollten sich innerhalb der vorhandenen Gesamtkontur befinden.

4.2.7 Befehlsgruppe: EIGENSCHAFTEN

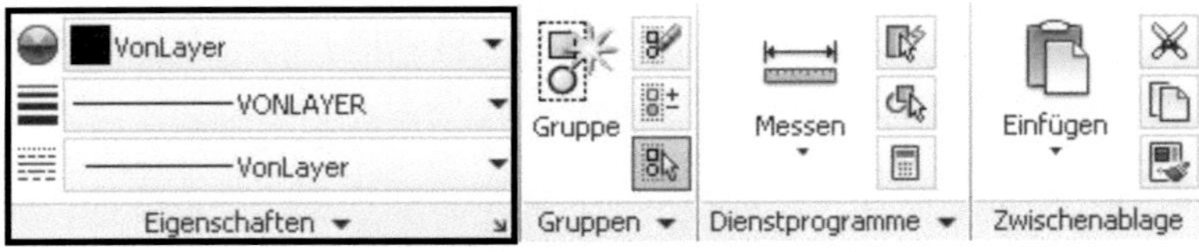

Abb. 181 Befehlsgruppe: Eigenschaften

Die Eigenschaften (Farbe, Linientyp, Linienstärke) eines Zeichenobjektes können entweder über den Layer bestimmt werden, dem ein Objekt zugewiesen wurde, oder davon abweichen. Dann sind diese über die Befehlsgruppe ***Eigenschaften*** zu steuern.

4.2.7.1 Anordnung der Hallenpfeiler durch Hilfslinien kennzeichnen

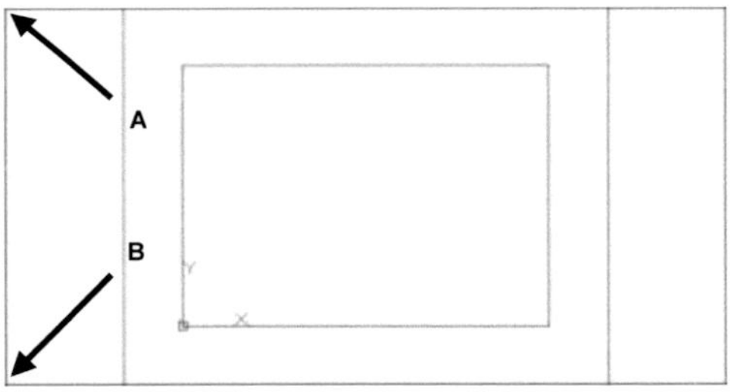

Abb. 182 Markierung der beiden Hallenpfeiler (erstes Trägerpaar)

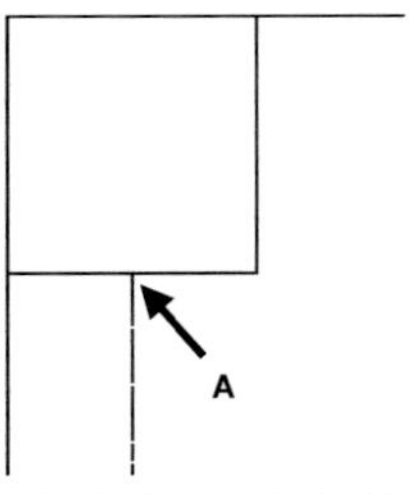

Abb. 183 Startpunkt der Linie am oberen Hallenpfeiler (Detailansicht)

Säulen und Pfeiler werden üblicherweise zur besseren Darstellung durch ein Liniengitter gekennzeichnet. Auch in unserem Übungsbeispiel sollen die Hallenpfeiler gekennzeichnet werden.

In der folgenden Übung sollen die in Abb. 182 markierten Hallenpfeiler durch eine Linie miteinander verbunden werden. Diese Linie startet an der in Abb. 183 markierten Position ***A*** und endet an der in Abb. 134 markierten Position ***B*** (jeweils die Mitte der Linie). Markieren Sie die Linie anschließend und ändern Sie den Linientyp wie folgt:

- **Linie**
- Linienmittelpunkt (Abb. 183 A)
- Linienmittelpunkt (Abb. 184 B)
- [Esc]

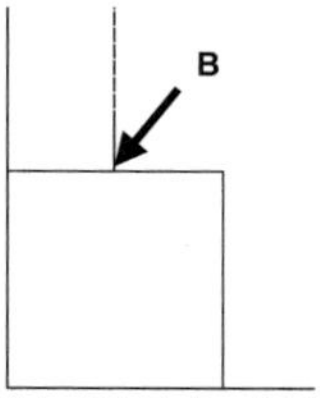

Abb. 184 Endpunkt der Linie am unteren Hallenpfeiler (Detailansicht)

- ***Linientyp***
- Option: Sonstige
- Laden... Laden
- ISO Strichlinie _ _ _ _ _ _ _ _
- ISO Strichlinie _ _ _ _ _ _ _ _
- OK

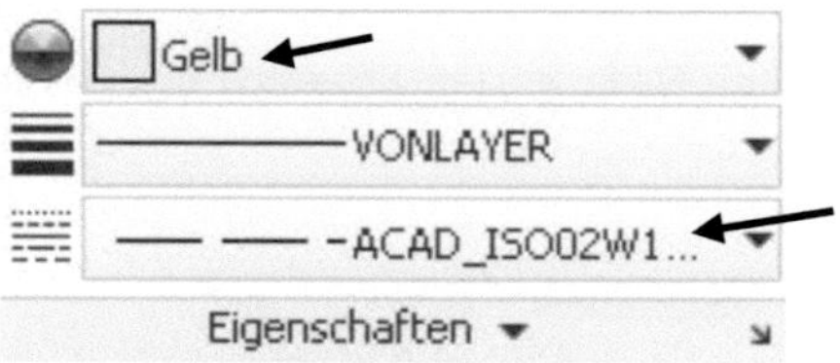

Abb. 185 Linieneigenschaften bearbeiten

Wiederholen Sie die Befehlskette bei den restlichen Hallenpfeilerpaaren (in vertikaler und auch in horizontaler Richtung).

4.2.7.2 Außen- und Innenwände durch Rechtecke darstellen

Abb. 186 Eigenschaften zurücksetzen

Zur Darstellung der Außenwand ist das Zeichnen eines weiteren ***Rechtecks*** erforderlich, welches die äußeren Eckpunkte der Gesamtkonstruktion (Abb. 186) umschließt.

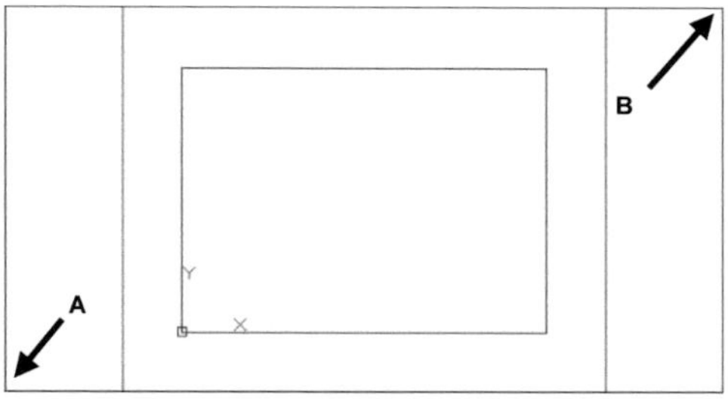

Abb. 187 Markierung der beiden Eckpunkte

Vor dem Zeichnen des Rechtecks sollte in den Eigenschaften kontrolliert werden, ob Objektfarbe und Linientyp auf Option ***VONLAYER*** eingestellt sind (Abb. 186).

- ***Rechteck***
- Startpunkt: Eckpunkt (Abb. 188 A)
- Endpunkt: Eckpunkt (Abb. 189 B)

Versetzen Sie das neu gezeichnete Rechteck jetzt um 100 mm nach außen.

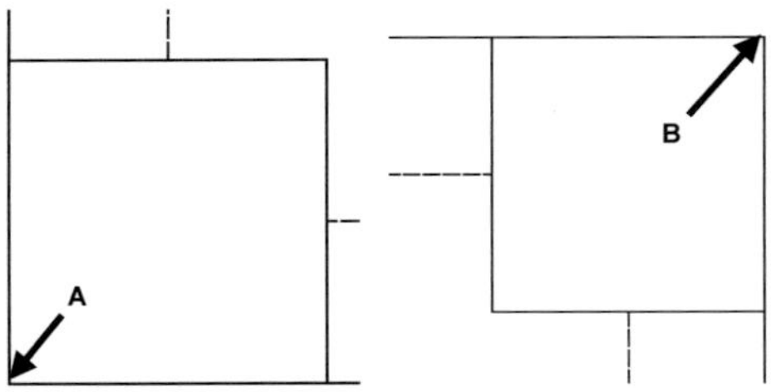

Abb. 188 Eckpunkte (Detaildarstellung)

- ***Versetzen***
- Abstand: [100] eingeben
- [Enter]
- Neues Rechteck wählen
- Punkt außerhalb des Rechtecks wählen
- [Esc]

Im rechten Bereich der Halle soll der Sozialtrakt seinen Platz finden. Dies soll durch fünf einzelne ***Rechtecke*** realisiert werden.

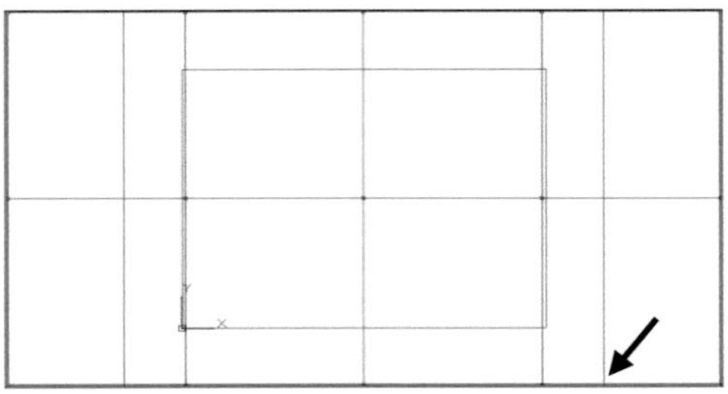

Abb. 189 Startpunkt erstes Rechteck

- ***Rechteck*** (1)
- Erster Punkt: [36000] > Tab > [-5000]
- [Enter]
- Zweiter Punkt: [50] > [Tab] > [32000]
- [Enter]

- ***Rechteck*** (2)
- Erster Punkt: [36050] > [Tab] > [1360]
- [Enter]
- Zweiter Punkt: [9950] > [Tab] > [50]
- [Enter]

- ***Rechteck*** (3)
- Erster Punkt: [36050] > [Tab] > [7770]
- [Enter]
- Zweiter Punkt: [9950] > [Tab] > [50]
- [Enter]

- ***Rechteck*** (4)
- Erster Punkt: [36050] > [Tab] > [14180]
- [Enter]
- Zweiter Punkt: [9950] > [Tab] > [50]
- [Enter]

- ***Rechteck*** (5)
- Erster Punkt: [36050] > [Tab] > [20590]
- [Enter]
- Zweiter Punkt: [9950] > [Tab] > [50]
- [Enter]

4.2.7.3 Layer sperren

Abb. 190 Layer sperren

Der Layer Fabrikhalle wurde soweit fertiggestellt und soll geschützt werden, um ihn bei den restlichen Arbeiten an der Zeichnung nicht unbeabsichtigt zu ändern. Klappen Sie in der Befehlsgruppe Layer das Auswahlmenü (Abb. 191) auf und klicken Sie in der Zeile Fabrikhalle auf das kleine Schlosssymbol. Der Layer ist jetzt gesichert.

4.2.7.4 Layer: Regalsysteme

Erzeugen Sie einen neuen Layer ***Regalsysteme***.

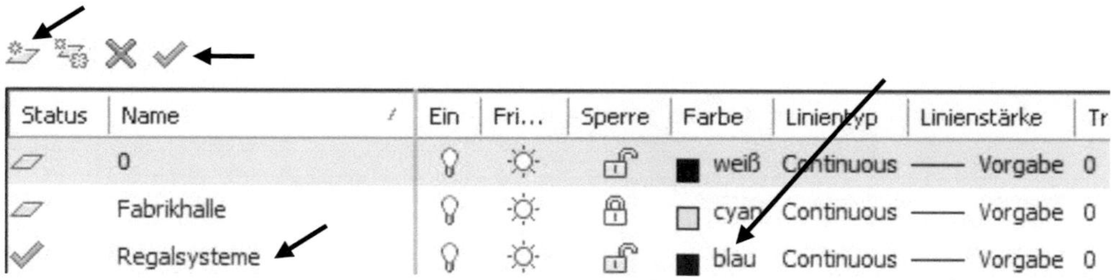

Abb. 191 Layer: Regalsysteme

- **_Layereigenschaften-Manager_**
- Neuer Layer
- Name: [Regalsysteme]
- Farbe: [blau]
- Layer aktivieren
- Layereigenschaften schließen

4.2.7.5 Regal zeichnen (Polylinie)

Das nächste Kapitel soll sich mit dem Setzen parametrischer Abhängigkeiten befassen. Vorbereitend hierfür ist eine schräg gezeichnete geometrische Kontur zu erzeugen. Verwenden Sie den Befehl ***Polylinie***, um die in Abb. 192 dargestellte Kontur zu zeichnen. Die genaue Position des Objektes in der Zeichnung ist irrelevant.

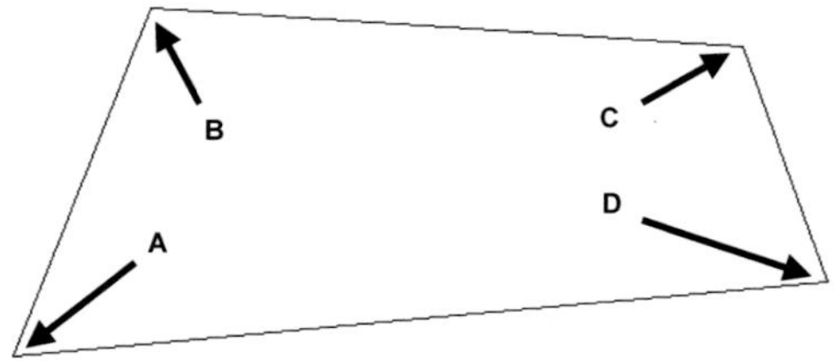

Abb. 192 Erstes Regal zeichnen (geschlossene Polylinie)

- ***Polylinie***
- Ersten Punkt frei ablegen (A)
- Zweiten Punkt frei ablegen (B)
- Dritten Punkt frei ablegen (C)
- Vierten Punkt frei ablegen (D)
- [S] (Objekt schließen)

Wichtig ist, dass die Kontur mit der Tastatureingabe [S] geschlossen wird. Die Linien sollen, wie in Abb. 192 dargestellt, mit Absicht schräg gezeichnet werden.

4.3 ZEICHNUNG & BESCHRIFTUNG > Register: PARAMETRISCH

4.3.1 Befehlsgruppe: GEOMETRISCH

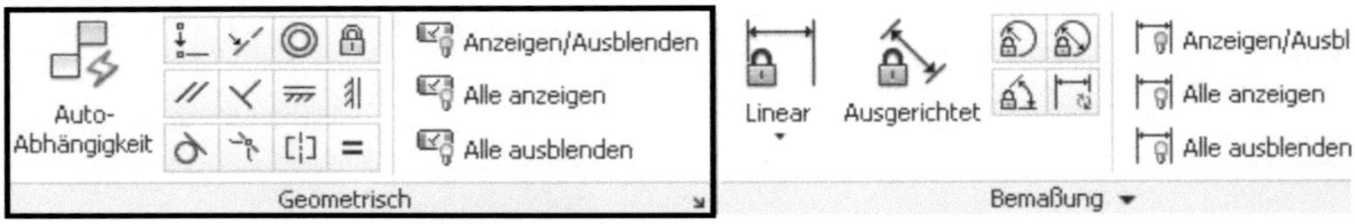

Abb. 193 Befehlsgruppe: Parametrisch (Register: Parametrisch)

Die Befehlsgruppe ***Geometrisch*** finden Sie im Register ***Parametrisch***. Sie enthält diverse Befehle zum Erzeugen parametrischer Abhängigkeiten.

4.3.1.1 Befehlsgrundlagen: Zusammenfallend (Koinzident)

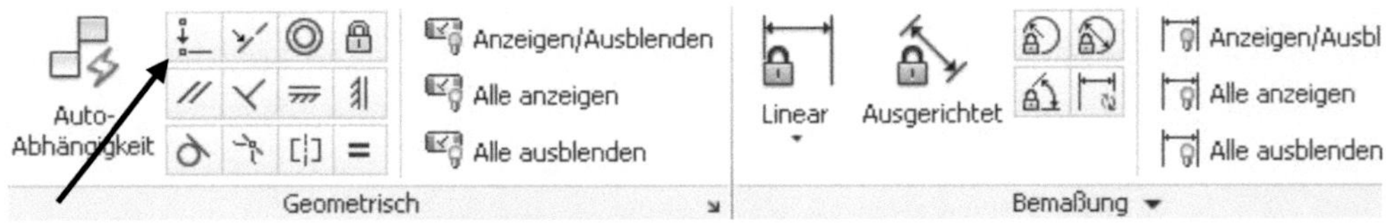

Abb. 194 Befehl: Zusammenfallend (Koinzident)

Verbindet zwei Punkte oder einen Punkt und eine Linie zweier Objekte miteinander.

4.3.1.2 Befehlsgrundlagen: Kollinear

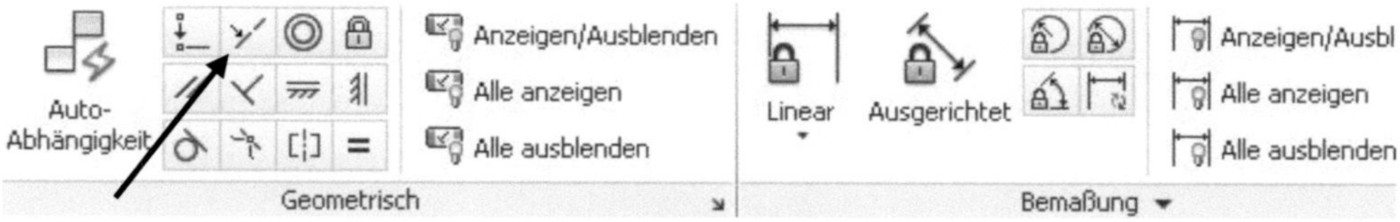

Abb. 195 Befehl: Kollinear

Legt zwei Linien auf einen gemeinsamen Strahl.

4.3.1.3 Befehlsgrundlagen: Konzentrisch

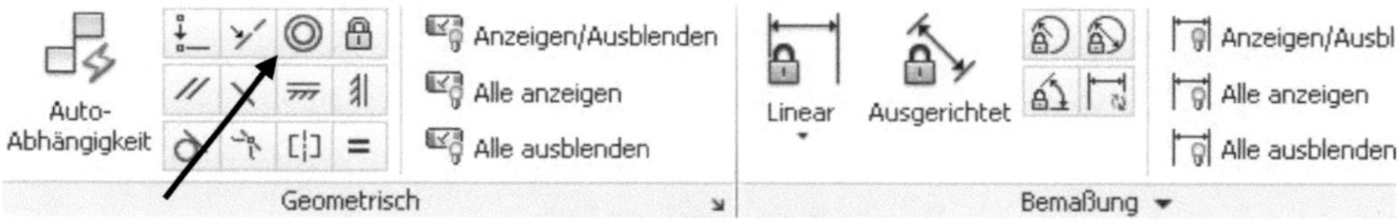

Abb. 196 Befehl: Konzentrisch

Legt die Mittelpunkte zweiter Kreise/ Bögen aufeinander.

4.3.1.4 Befehlsgrundlagen: Fest

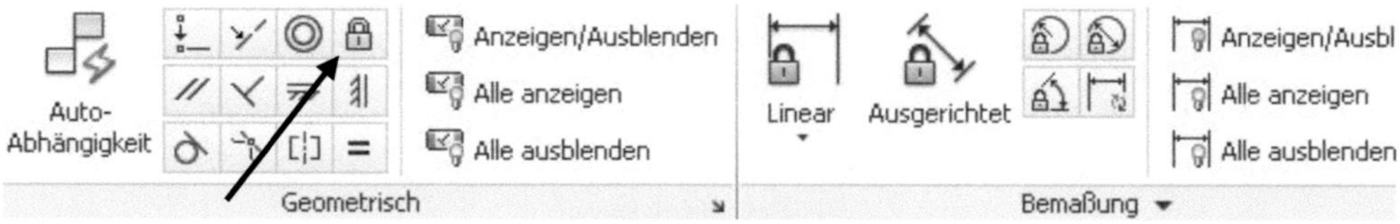

Abb. 197 Befehl: Fest

Setzt ein Objekt in seiner Position und Ausrichtung zum Koordinatenursprung (BKS) fest.

4.3.1.5 Befehlsgrundlagen: Parallel

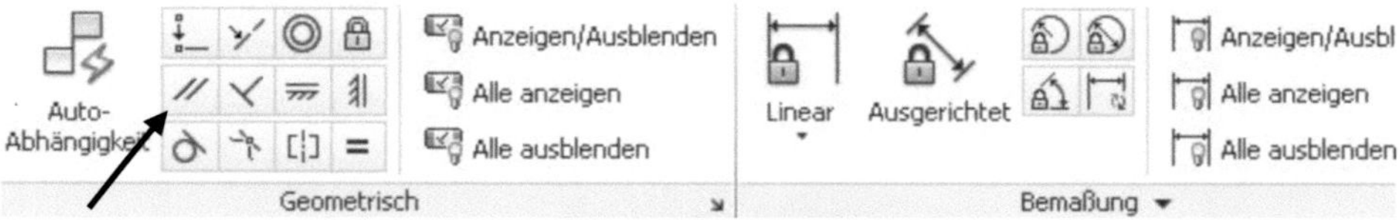

Abb. 198 Befehl: Parallel

Setzt zwei Geraden parallel zueinander.

4.3.1.6 Befehlsgrundlagen: Lot

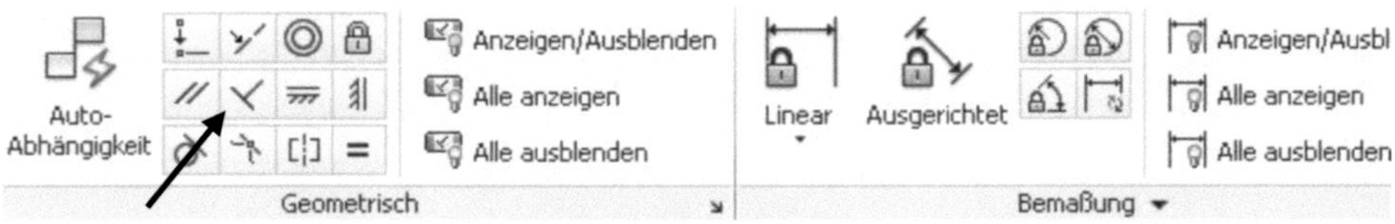

Abb. 199 Befehl: Lot

Setzt zwei Geraden lotrecht (90°) zueinander.

4.3.1.7 Befehlsgrundlagen: Horizontal

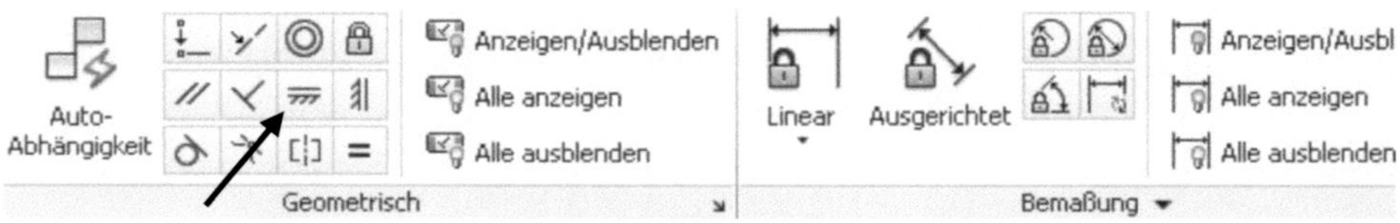

Abb. 200 Befehl: Horizontal

Setzt eine Gerade parallel zur X-Achse des Koordinatensystems (BKS).

4.3.1.8 Befehlsgrundlagen: Vertikal

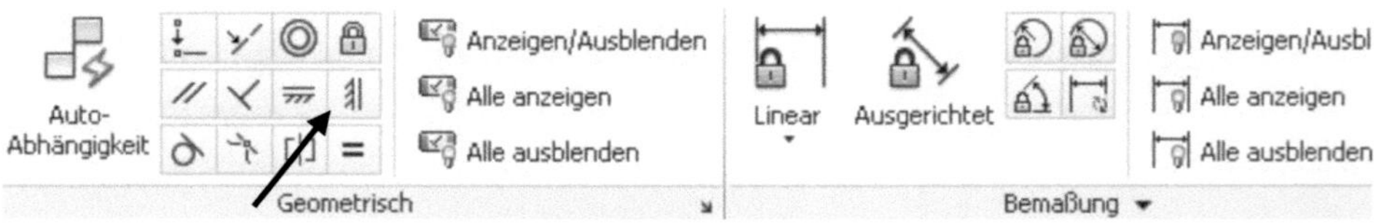

Abb. 201 Befehl: Vertikal

Setzt eine Gerade parallel zur Y-Achse des Koordinatensystems (BKS).

4.3.1.9 Befehlsgrundlagen: Tangential

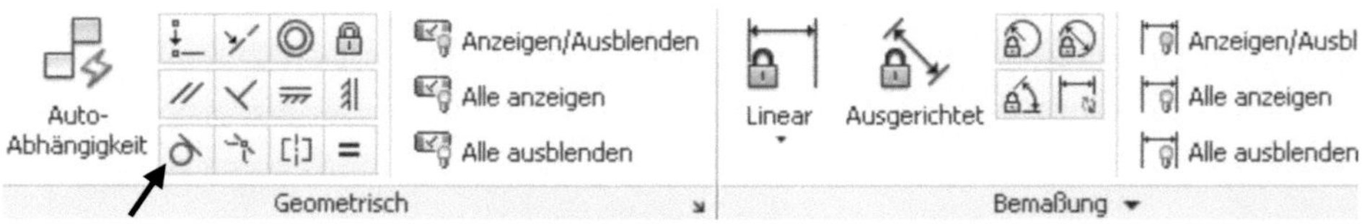

Abb. 202 Befehl: Tangential

Legt zwei Objekte tangential aneinander.

4.3.1.10 Befehlsgrundlagen: Glatt

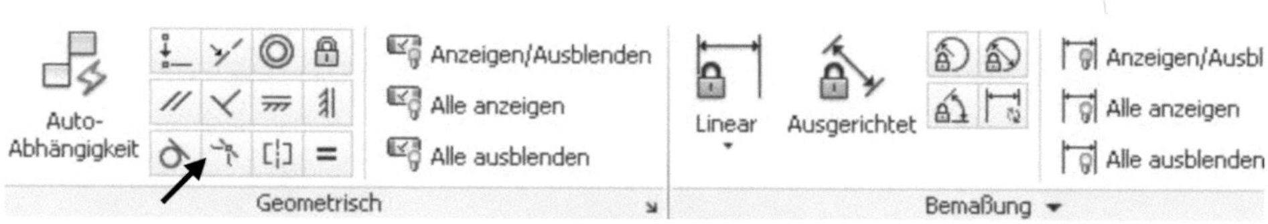

Abb. 203 Befehl: Glatt

Verbindet das Ende eines Splines stetig (G2) mit einer zweiten Geometrie.

4.3.1.11 Befehlsgrundlagen: Symmetrisch

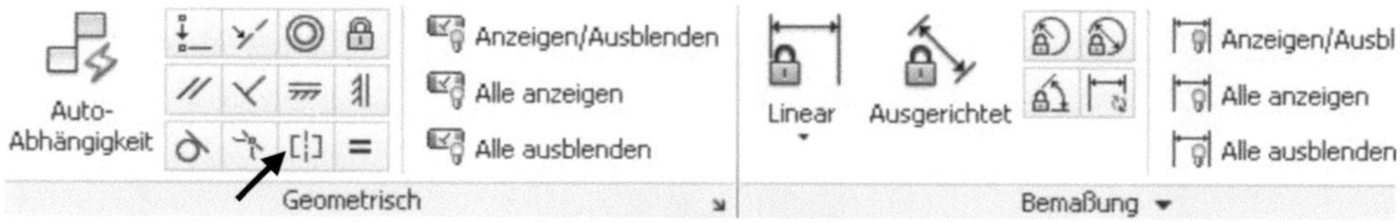

Abb. 204 Befehl: Symmetrisch

Richtet zwei Objekte symmetrisch zueinander an einer Symmetrielinie aus.

4.3.1.12 Befehlsgrundlagen: Gleich

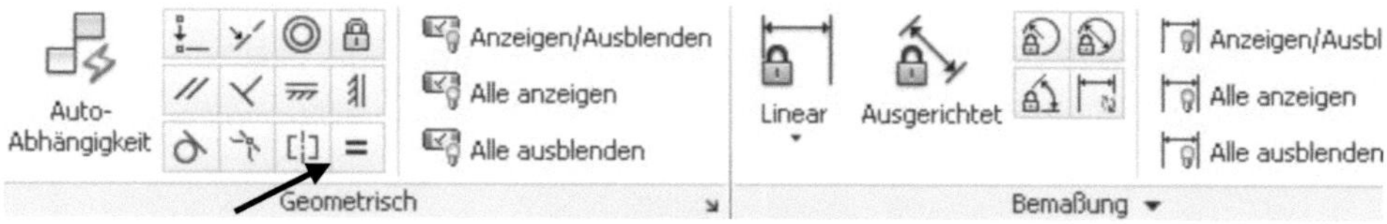

Abb. 205 Befehl: Gleich

Weist einem Objekt die Eigenschaften (Länge/ Radius/ Bogenlänge) eines anderen Objektes zu.

4.3.1.13 Abhängigkeiten auf Polylinie anwenden

Unsere Polylinie wurde schräg und frei gezeichnet. In der folgenden Übung sollen geometrische Abhängigkeiten verwendet werden, um die vier Liniensegmente der Polylinie in Form zu bringen. Verwenden Sie im ersten Schritt die Abhängigkeit ***Horizontal***, um die beiden in Abb. 206 mit ***A*** markierten Linien mit einer horizontalen Abhängigkeit zu versehen. Verwenden Sie im zweiten Schritt die Abhängigkeit ***Vertikal***, um die in Abb. 208 mit ***B*** markierten Linien mit einer vertikalen Abhängigkeit zu versehen.

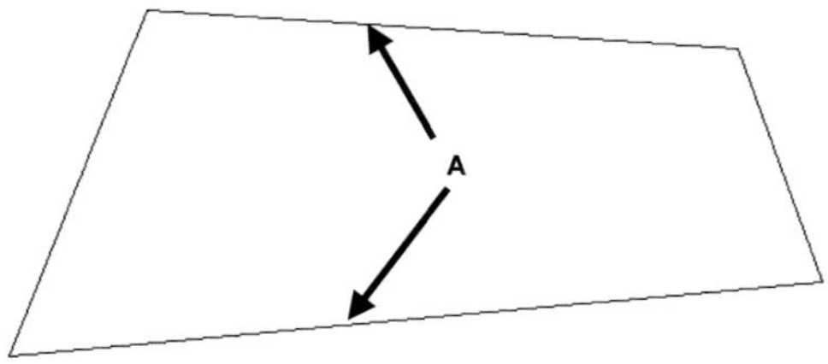

Abb. 206 Linien wählen

Abb. 207 Abhängigkeit Horizontal erzeugt

- ***Horizontal***
- Markierte Linie (A) wählen

- ***Horizontal***
- Markierte Linie (A) wählen

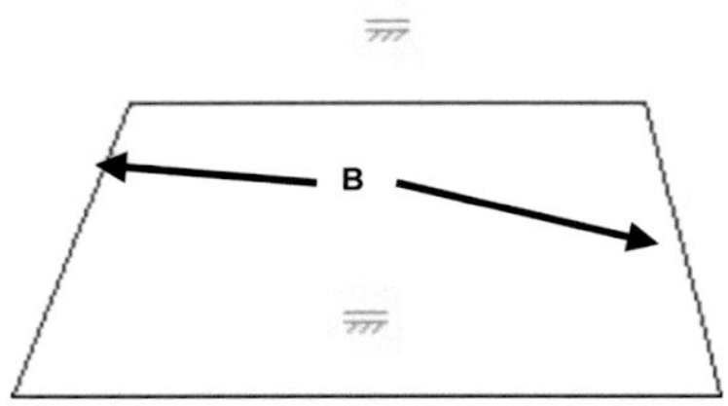

Abb. 208 Linien wählen

Abb. 209 Abhängigkeit Vertikal erzeugt

- ***Vertikal***
- Markierte Linie (B) wählen

- ***Vertikal***
- Markierte Linie (B) wählen

Das Ergebnis ist ein Rechteck mit veränderlicher Größe, aber horizontalen und vertikalen Abhängigkeiten, welche durch die entsprechenden Symbole dargestellt werden (Abb. 209).

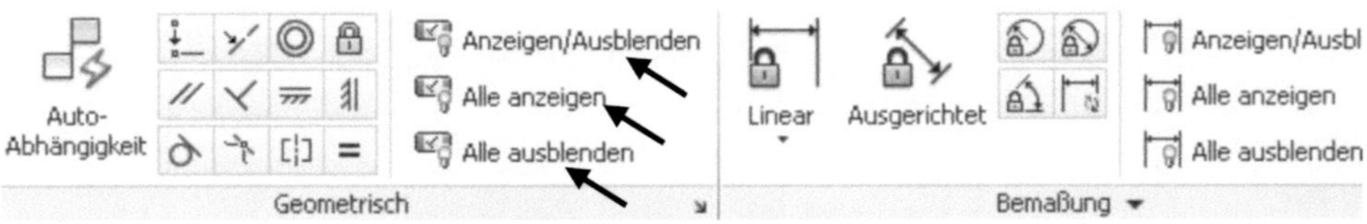

Abb. 210 Ein- und Ausblenden der Abhängigkeiten

Abb. 210 zeigt drei Befehle, mit denen Abhängigkeitssymbole einzelnen oder komplett ein- oder ausgeblendet werden können.

4.3.2 Befehlsgruppe: BEMASSUNG

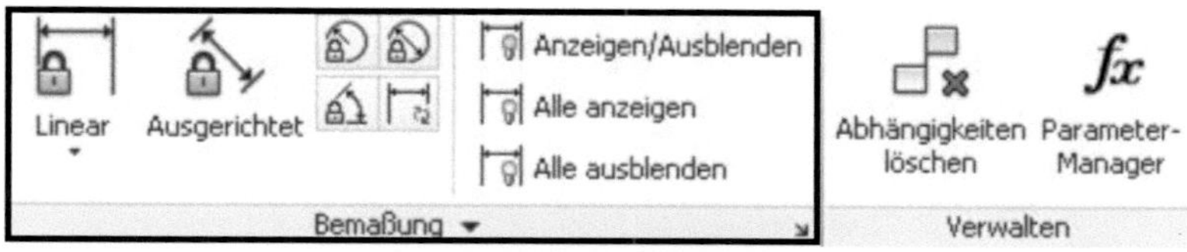

Abb. 211 Befehlsgruppe: Bemaßung

Die Befehlsgruppe ***Bemaßungen*** enthält verschiedene parametrische Bemaßungsbefehle. Diese sind ähnlich aufgebaut wie die einfachen Bemaßungsbefehle. Objekte mit einfachen Bemaßungen können allerdings beliebig verändert werden, Objekte mit parametrischen Bemaßungen nur durch Bearbeitung des Bemaßungstextes.

4.3.2.1 Befehlsgrundlagen: Linear

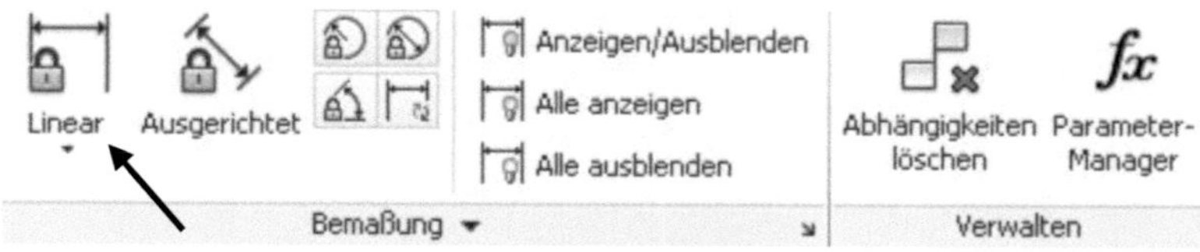

Abb. 212 Befehl: Linear

Erzeugt eine feste, lineare (horizontale oder vertikale) Bemaßung zwischen zwei Punkten.

4.3.2.2 Befehlsgrundlagen: Horizontal

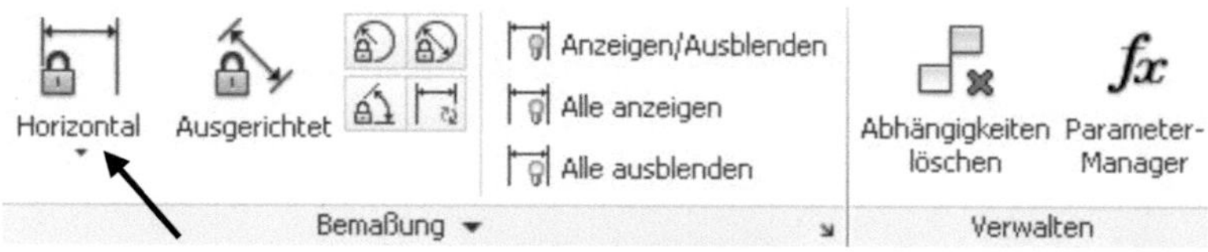

Abb. 213 Befehl: Horizontal

Erzeugt eine feste, horizontale Bemaßung zwischen zwei Punkten.

4.3.2.3 Befehlsgrundlagen: Vertikal

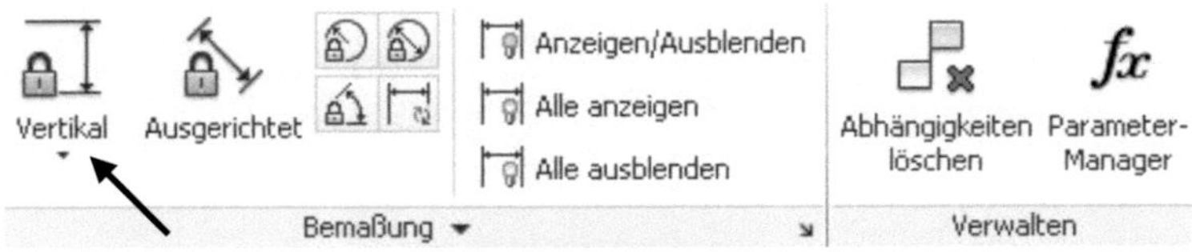

Abb. 214 Befehl: Vertikal

Erzeugt eine feste, vertikale Bemaßung zwischen zwei Punkten.

4.3.2.4 Befehlsgrundlagen: Ausgerichtet

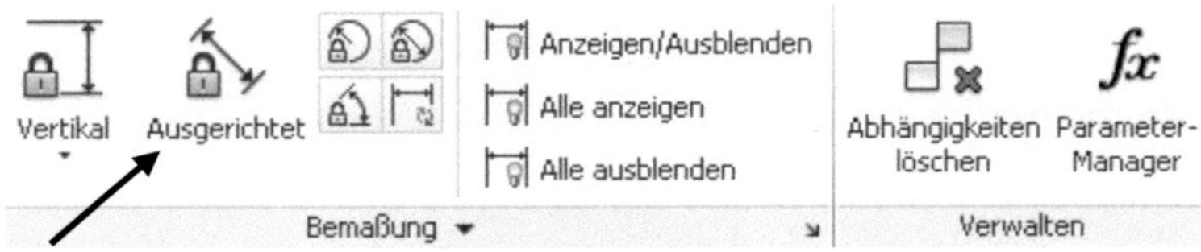

Abb. 215 Befehl: Ausgerichtet

Erzeugt eine feste Bemaßung zwischen zwei Punkten, ausgerichtet am Bemaßungsobjekt.

4.3.2.5 Befehlsgrundlagen: Radius

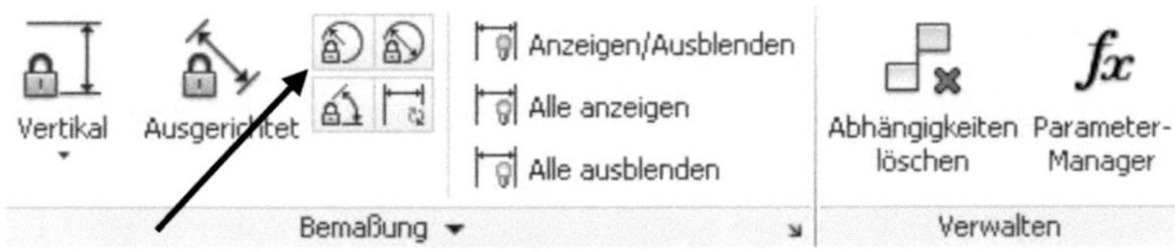

Abb. 216 Befehl: Radius

Erzeugt eine feste Radiusbemaßung an einem Kreis/ Bogen.

4.3.2.6 Befehlsgrundlagen: Durchmesser

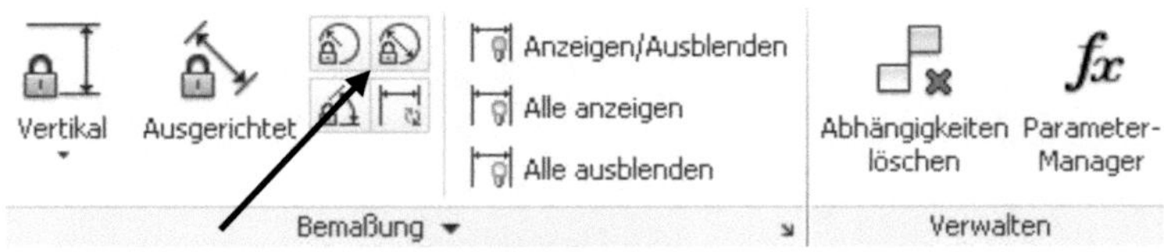

Abb. 217 Befehl: Durchmesser

Erzeugt eine feste Durchmesserbemaßung an einem Kreis/ Bogen.

4.3.2.7 Befehlsgrundlagen: Winkel

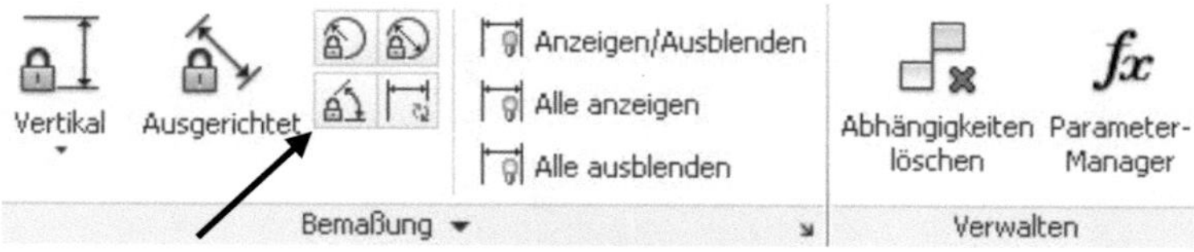

Abb. 218 Befehl: Winkel

Erzeugt eine feste Winkelbemaßung zwischen zwei Linien/ drei Punkten.

4.3.2.8 Befehlsgrundlagen: Konvertieren

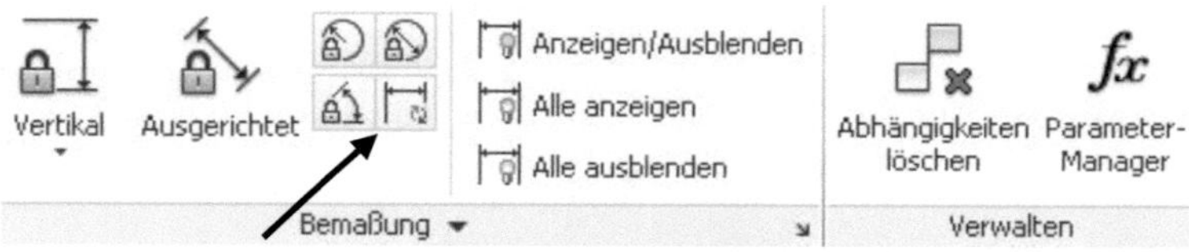

Abb. 219 Befehl: Konvertieren

Konvertiert ein normales Maß in ein festes Maß (Bemaßungsabhängigkeit).

4.3.2.9 Befehlsgrundlagen: Dynamische Abhängigkeiten anzeigen/ ausblenden

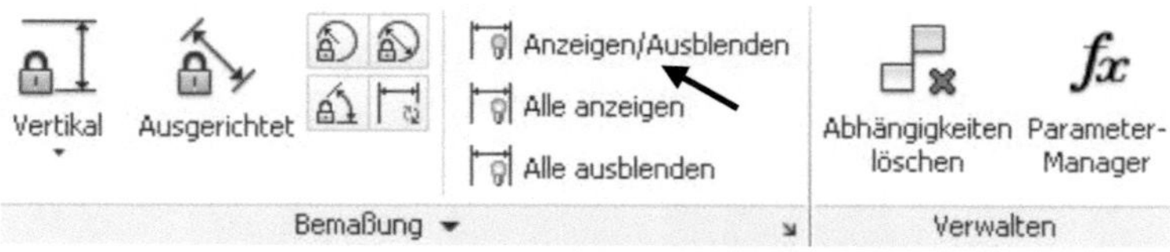

Abb. 220 Befehl: Dynamische Abhängigkeiten anzeigen/ ausblenden

Ausgewählte feste Maße werden angezeigt/ ausgeblendet.

4.3.2.10 Befehlsgrundlagen: Alle dynamischen Abhängigkeiten anzeigen

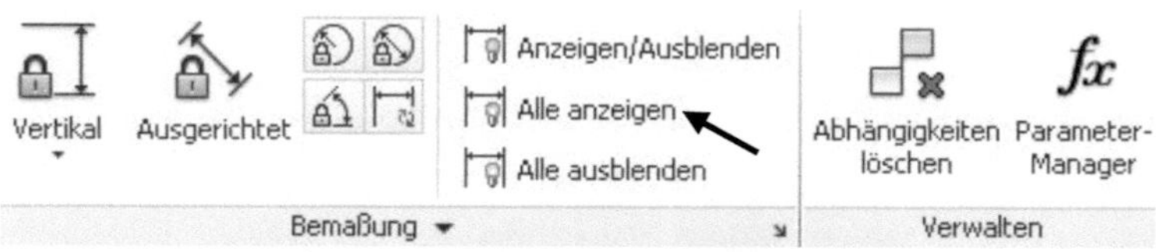

Abb. 221 Befehl: Alle dynamischen Abhängigkeiten anzeigen

Alle festen Maße werden angezeigt.

4.3.2.11 Befehlsgrundlagen: Alle dynamischen Abhängigkeiten ausblenden

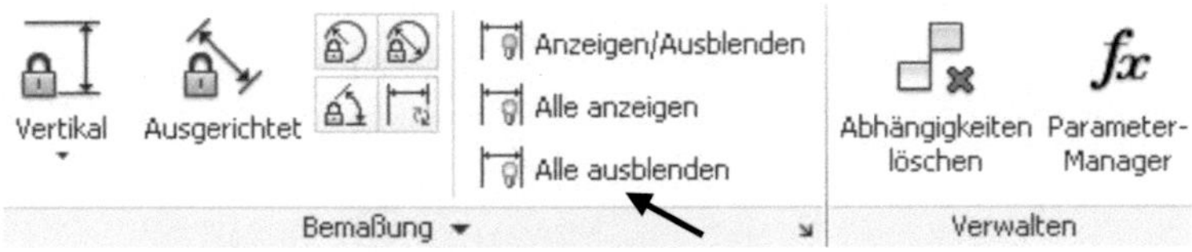

Abb. 222 Befehl: Alle dynamischen Abhängigkeiten ausblenden

Alle festen Maße werden ausgeblendet.

4.3.2.12 Befehlsgrundlagen: Dynamischer Abhängigkeitsmodus

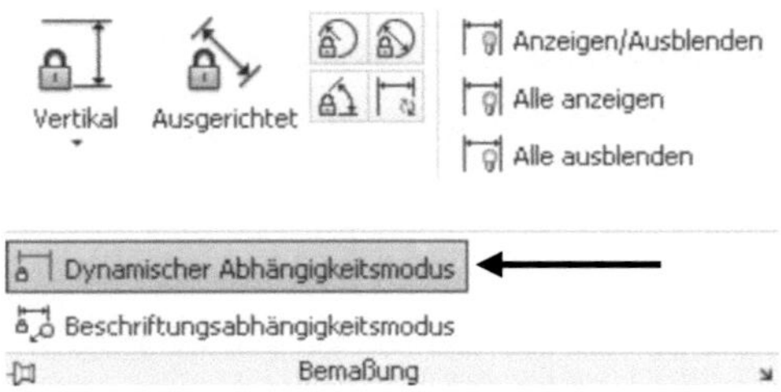

Abb. 223 Befehl: Dynamischer Abhängigkeitsmodus

Wird dieser Modus aktiviert und anschließend ein festes Maß (Bemaßungsabhängigkeit) erzeugt, wird dieses Maß als dynamisches Maß erstellt. Das Maß passt sich beim Zoomen der Zeichnung automatisch in der Texthöhe an.

4.3.2.13 Befehlsgrundlagen: Beschriftungsabhängigkeitsmodus

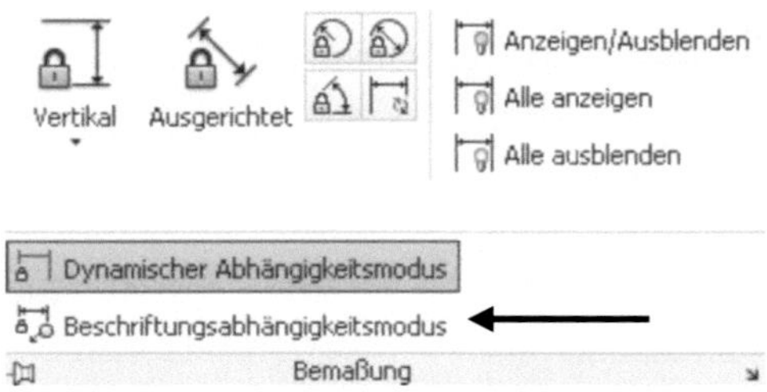

Abb. 224 Befehl: Beschriftungsabhängigkeitsmodus

Wird dieser Modus aktiviert und anschließend ein festes Maß (Bemaßungsabhängigkeit) erzeugt, wird dieses Maß als Beschriftungsstil erstellt. Das Maß wird sich beim Zoomen der Zeichnung nicht automatisch in der Texthöhe anpassen, sondern nur in Verbindung mit einer Beschriftungs-Maßstabs-Änderung.

4.3.2.14 Rechteck mit parametrischen Bemaßungsabhängigkeiten versehen

Das von uns gezeichnete Regal wurde durch geometrische Abhängigkeiten von einem schrägen Objekt in ein Rechteck gewandelt und soll jetzt mit zwei parametrischen Bemaßungsabhängigkeiten versehen werden. Verwenden Sie die Befehle ***Horizontal*** und ***Vertikal***, um Breite und Höhe des Rechtecks festzulegen.

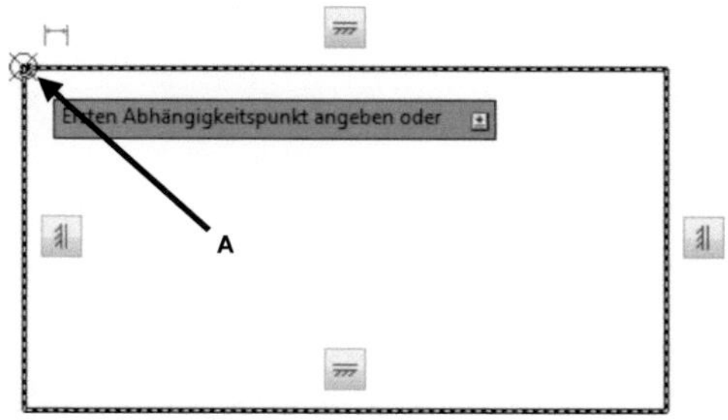

Abb. 225 Ersten Punkt markieren

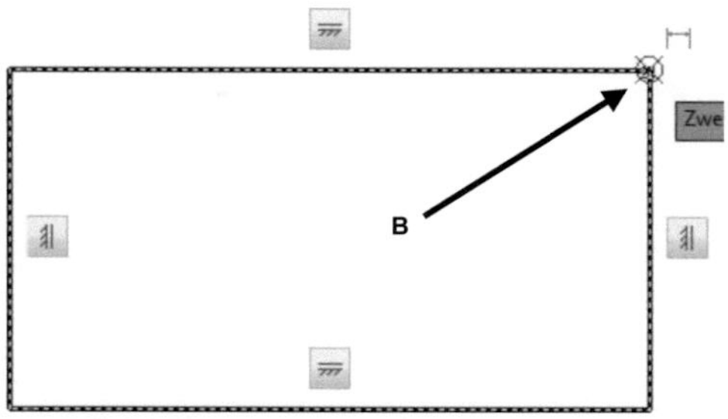

Abb. 226 Zweiten Punkt markieren

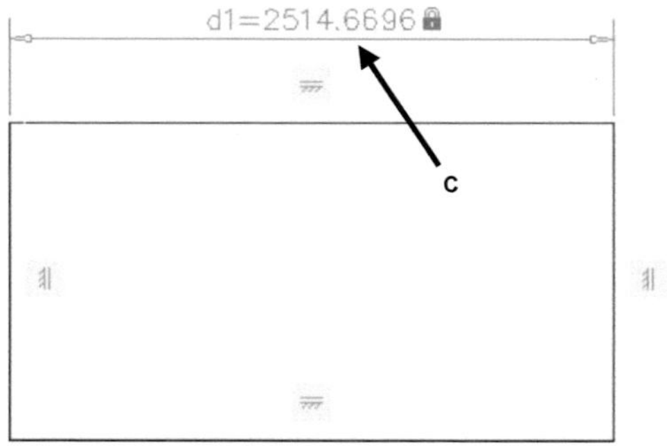

Abb. 227 Bemaßungstext ablegen

- ***Horizontal***
- Punkt A (Abb. 225) wählen
- Punkt B (Abb. 225) wählen
- Maß ablegen (Abb. 227 C) ohne zu ändern
- [Enter]

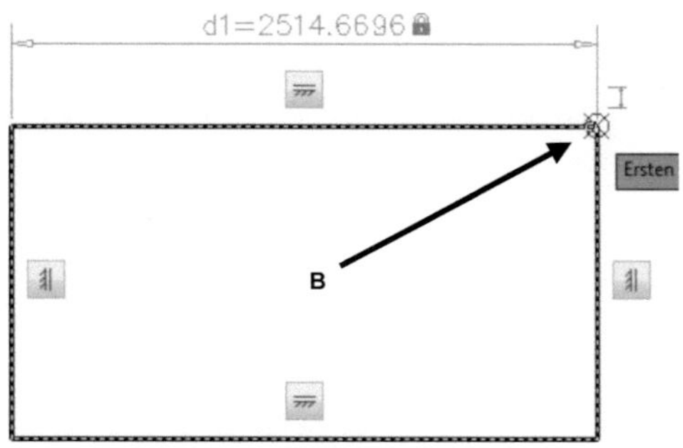

Abb. 228 Ersten Punkt markieren

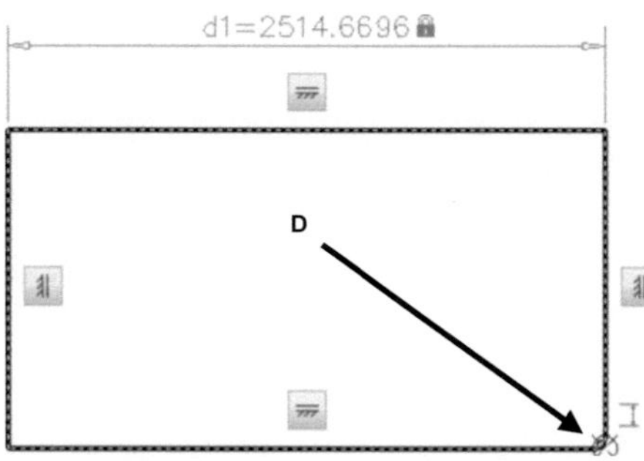

Abb. 229 Zweiten Punkt markieren

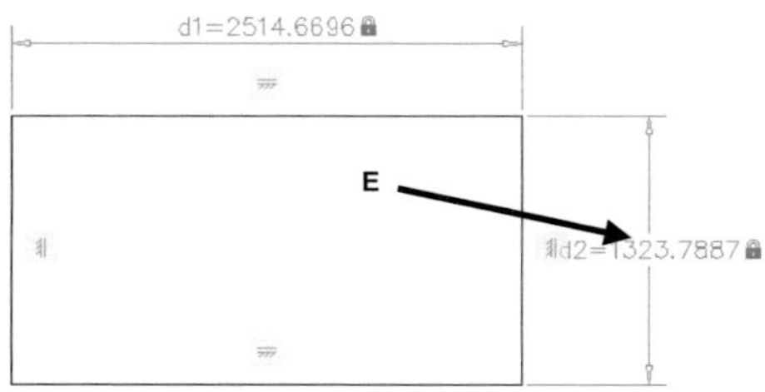

Abb. 230 Bemaßungstext ablegen

- ***Vertikal***
- Punkt B (Abb. 228) wählen
- Punkt D (Abb. 229) wählen
- Maß ablegen (Abb. 230 E)
- [Enter]

4.3.2.15 Regal kopieren

Verwenden Sie den Befehl ***Kopieren*** (Register ***Start***) um das Rechteck einmal zu kopieren und die Kopie, wie in Abb. 231 dargestellt, rechts neben dem Original abzulegen.

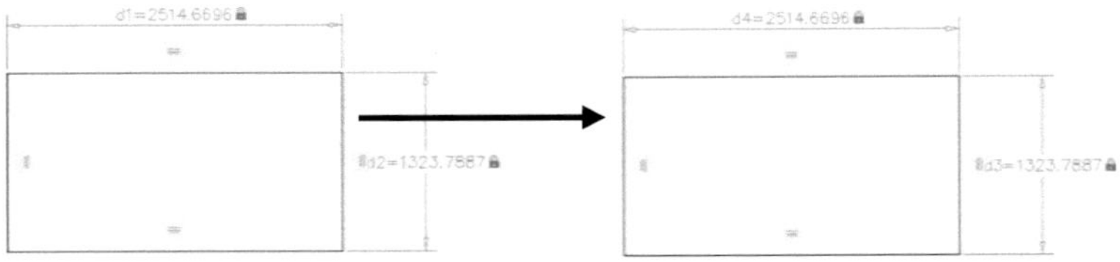

Abb. 231 Objekt (samt aller parametrischen Objekt- und Bemaßungseigenschaften) kopieren

4.3.3 Befehlsgruppe: VERWALTEN

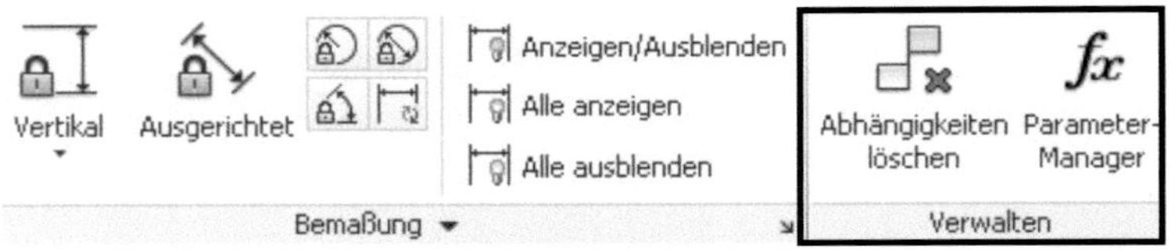

Abb. 232 Befehlsgruppe: Verwalten

Die Befehlsgruppe ***Verwalten*** (Register ***Parametrisch***) enthält Befehle zum Löschen oder Bearbeiten von Bemaßungsabhängigkeiten.

4.3.3.1 Befehlsgrundlagen: Parameter-Manager

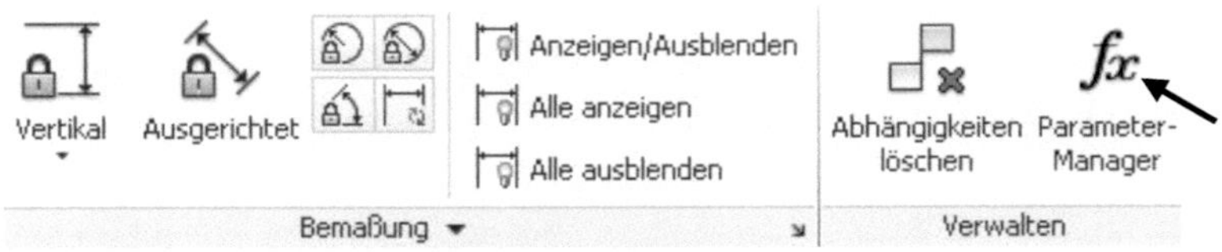

Abb. 233 Befehl: Parameter-Manager

Er verwaltet die Bemaßungsabhängigkeiten einer Zeichnung. Jeder Parameter besitzt einen Namen, einen Ausdruck und einen Wert. Der Name eines Parameters kann beliebig geändert werden. Der Ausdruck entspricht im Ausgangszustand einem Zahlenwert, welcher durch eine Gleichung ersetzt werden kann. Parametrische Maße können somit voneinander abhängig gemacht werden und erhalten dadurch eine dynamische Eigenschaft. Ändert sich der Wert eines Parameters, ändern sich auch alle abhängigen Parameter.

4.3.3.2 Verwalten der parametrischen Werte (Parameter-Manager)

In der folgenden Übung sollen die parametrischen Bemaßungsabhängigkeiten der beiden Rechtecke voneinander abhängig gemacht werden. Alle Bemaßungsabhängigkeiten werden eigene Bezeichnungen erhalten und über Gleichungen miteinander verknüpft. Im Ergebnis werden zwei Rechtecke mit unterschiedlichen Abmessungen, aber einem einzigen Basiswert entstehen.

Öffnen Sie den Befehl *fx* ***Parameter-Manager*** und ändern Sie die vorhandenen Werte der Spalten ***Name*** und ***Ausdruck*** wie in Abb. 234 dargestellt. Achten Sie darauf, zuerst die gesamte Spalte ***Name***, dann erst die Spalte ***Ausdruck*** zu ändern. Das Programm könnte sonst unter Umständen protestieren (Verweise auf nicht vorhandene Parameternamen).

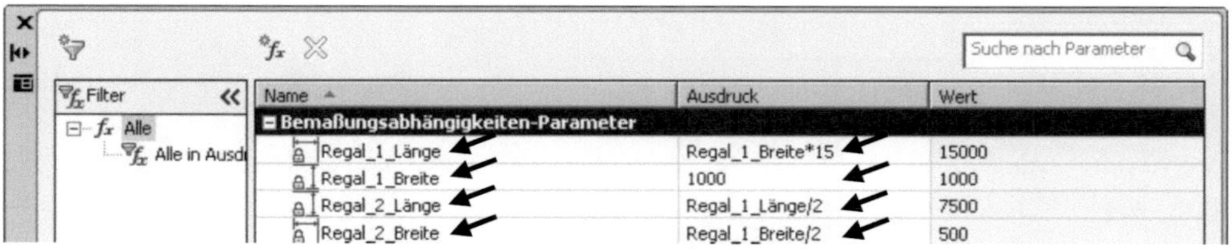

Abb. 234 Parameter-Manager mit geänderten Werten

Zeile	Name	Ausdruck
1	[Regal_1_Länge]	[Regal_1_Breite * 15]
2	[Regal_1_Breite]	[1000]
3	[Regal_2_Länge]	[Regal_1_Länge / 2]
4	[Regal_2_Breite]	[Regal_1_Breite / 2]

Alle Werte sind jetzt vom Parameter ***Regal_1_Breite*** abhängig und können darüber gesteuert werden. Schließen Sie den Parameter-Manager und blenden Sie anschließend alle ***geometrischen Abhängigkeiten*** sowie ***Bemaßungsabhängigkeiten*** aus.

HINWEIS: Testen Sie weitere Möglichkeiten. Zeichnen Sie geometrische Objekte, versehen Sie sie mit parametrischen Bemaßungen und erzeugen Sie eigene Gleichungssysteme im Parameter-Manager.

4.3.3.3 Regale (Rechtecke) positionieren

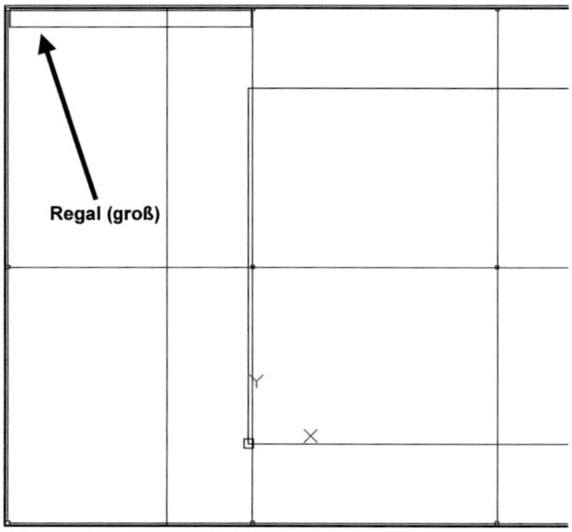

Abb. 235 Regal in Endposition (oben links in der Halle)

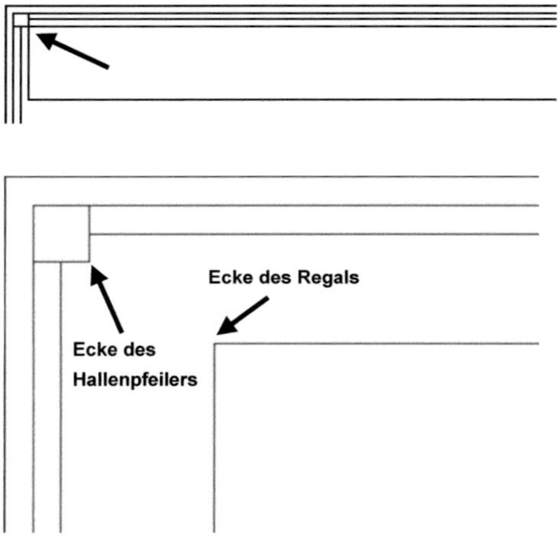

Abb. 236 Ecke des Regal auf Ecke des Hallenpfeilers setzen

Verwenden Sie den Befehl ***Verschieben*** (Register ***Start***), um das große Rechteck (Regal), wie in Abb. 235 dargestellt, zu positionieren. Die obere, linke Ecke des Regals soll auf die untere, rechte Ecke des markierten Hallenpfeilers gesetzt werden (Abb. 236). Sobald das erste Regal positioniert wurde, ist der Befehl ***Kopieren*** zu verwenden, um rechts neben dem ersten Regal zwei weitere Kopien zu erstellen (Abb. 239 A). Achten Sie darauf, dass zwischen den Regalen ein Abstand von jeweils 200 mm eingehalten wird.

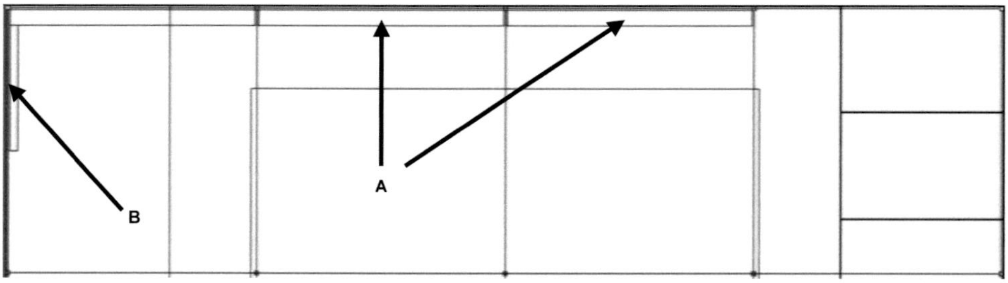

Abb. 237 Anordnung der Rechtecke

Das kleinere Regal (***B***) ist wie in Abb. 237 dargestellt, an das erste große Regal zu setzen. Achten Sie darauf, das Regal bündig an das vorhandene Regal zu setzen. Der obere Bereich der Halle wurde mit einer ausreichenden Anzahl an Regalen versehen. Der untere Bereich soll ebenfalls mit Regalen bestückt werden. Um nicht alle Regale erneut kopieren und anordnen zu müssen, verwenden wir die bereits vorhandene Anordnung im oberen Bereich und spiegeln diese nach unten.

4.3.3.4 Befehlsgrundlagen: Spiegeln

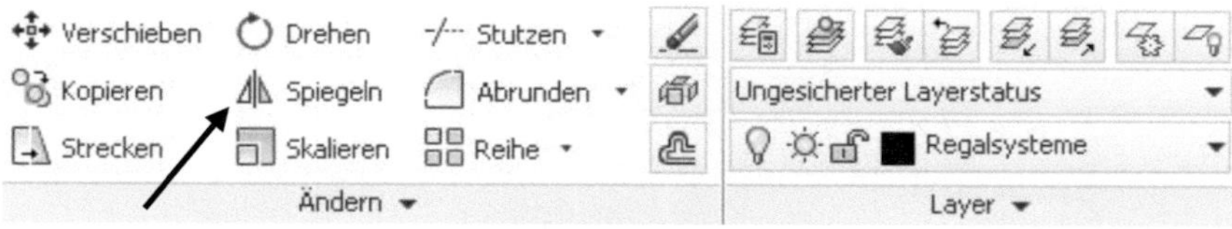

Abb. 238 Befehl: Spiegeln

Spiegelt ein Objekt an einer fiktiven Linie, welche durch zwei Punkte zu definieren ist. Das Original kann anschließend auf Wunsch entfernt werden.

4.3.3.5 Spiegeln der Regale

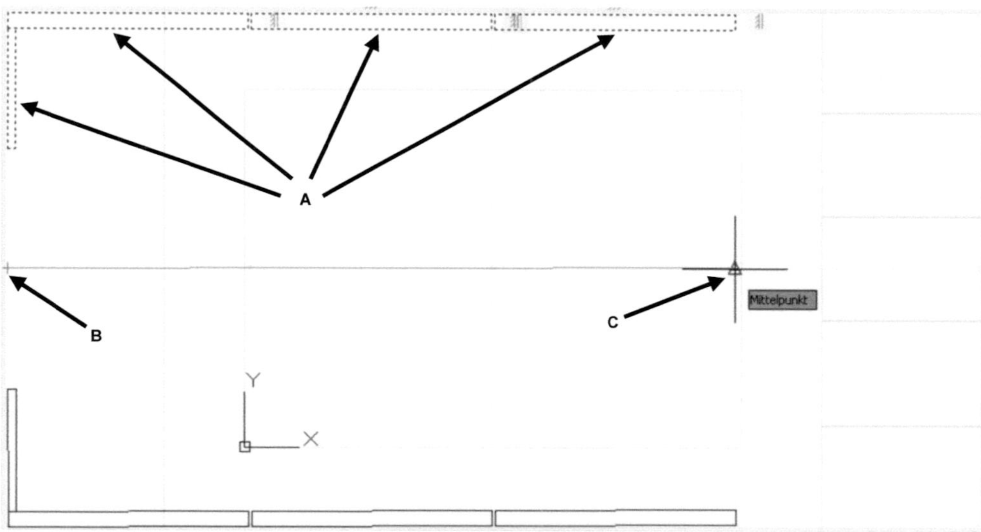

Abb. 239 Spiegeln der Regale

Starten Sie den Befehl ***Spiegeln***. Wählen Sie anschließend die in Abb. 239 ***A*** markierten vier Regale und bestätigen Sie mit [Enter]. Um die Spiegelachse zu definieren, klicken Sie nacheinander auf die in Abb. 239 markierten Punkte ***B*** und ***C*** (um die Spiegelachse horizontal erzeugen zu können, kann vorab der ***Ortho-Modus*** aktiviert werden). Beantworten Sie die Frage, ob das ***Quellobjekt*** gelöscht werden soll, mit [N] + [Enter].

<u>HINWEIS</u>: Wechseln Sie zurück ins Register ***Parametrisch*** und blenden Sie alle ***Bemaßungen*** und ***geometrischen Abhängigkeiten*** erneut aus.

4.3.3.6 Layer: Außenbereich

Kehren Sie ins Register ***Start*** zurück und erzeugen Sie dort einen neuen Layer ***Außenbereich***.

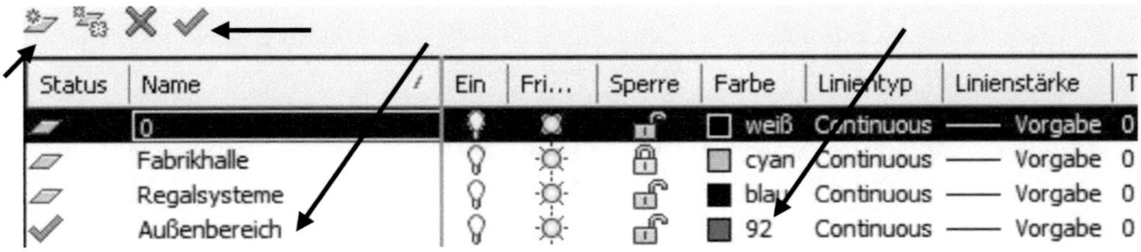

Abb. 240 Layer: Außenbereich erzeugen

- ***Layereigenschaften-Manager***
- Neuer Layer
- Name: [Außenbereich]
- Farbe: [92]
- Layer aktivieren
- Layereigenschaften schließen

4.3.3.7 LKW-Anlieferbereich

Zeichnen Sie eine ***Polylinie*** mit den folgenden Werten:

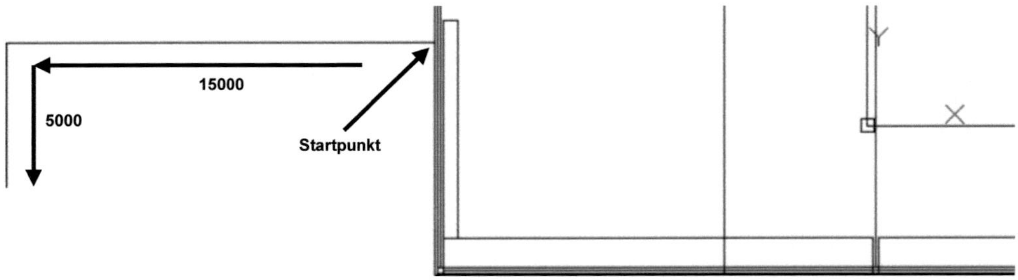

Abb. 241 LKW-Anlieferbereich (Detailansicht der Fabrikhalle, unten links)

- ***Polylinie***
- Startpunkt: [-15100] > [Tab] > [2950]
- [Enter]
- Linie [15000] nach links zeichnen
- Linie [5000] nach unten zeichnen
- [Esc]

HINWEIS: Aktivieren Sie den ***Ortho-Modus***, um die Polylinie sauber horizontal/ vertikal zeichnen zu können.

4.3.3.8 Befehlsgrundlagen: Fasen (BG: ÄNDERN)

Abb. 242 Befehl: Fasen

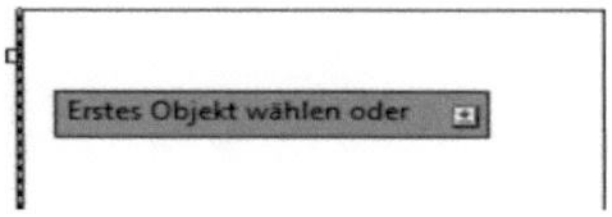

Abb. 243 Erste Linie wählen

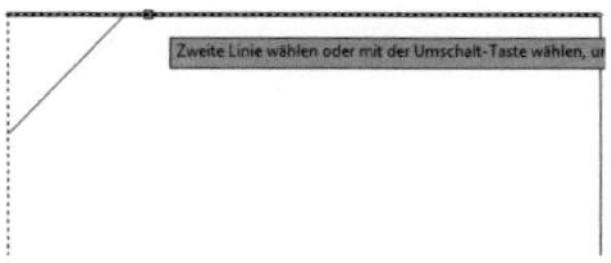

Abb. 244 Zweite Linie wählen

Abb. 245 Fase

FUNKTION

- Ermöglicht das Abkanten (Fasen) einer Ecke

OPTIONEN

- [Rückgängig]: Löscht den letzten Befehl
- [Polylinie]: Kantet eine Polylinie im Ganzen ab
- [Abstand]: Fasendefinition über Länge zum Schnittpunkt (gleichschenklig oder ungleichschenklig)
- [Winkel]: Fasendefinition über Länge und Winkel
- [Stutzen]: Entfernt die Linienecke nach den Fasen oder nicht
- [Methode]: Zeigt die aktuelle Fasendefinition an und ermöglicht einen Wechsel
- [Mehrere]: Ermöglicht die Gestaltung mehrerer Fasen, auch mit wechselnder Größe und Methode

4.3.3.9 Polylinie fasen (LKW-Anlieferbereich)

Die zuletzt erzeugte Polylinie soll in Ihrem Eckpunkt gefast werden. Starten Sie den Befehl ***Fasen***, wählen Sie die Option [Abstand], geben Sie nacheinander die beiden Abstandswerte ein und wählen Sie anschließend die beiden Liniensegmente (Abb. 246).

- ***Fasen***
- [Abstand]
- [Enter]
- Erster Abstand: [3000]
- [Enter]
- Zweiter Abstand: [3000]
- [Enter]
- Erstes Liniensegment wählen (A)
- Zweites Liniensegment wählen (B)

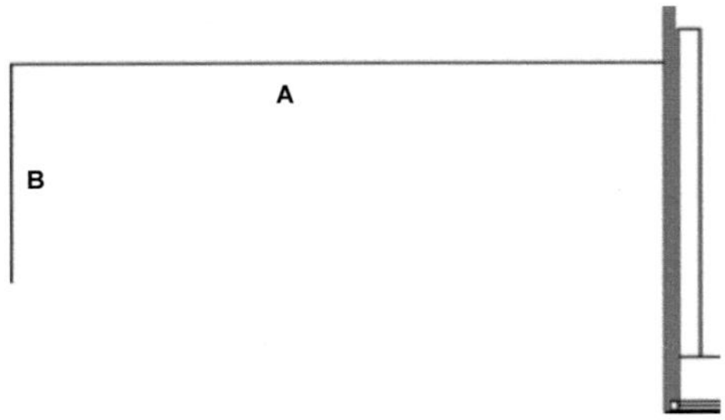

Abb. 246 Polylinie vor Fasen

Abb. 247 Polylinie (gefast)

4.3.3.10 Polylinie abrunden und versetzen (LKW-Anlieferbereich)

Die neu entstandenen beiden Ecken der Polylinie sollen anschließend ***abgerundet*** und ***versetzt*** werden. Verwenden Sie die beiden Abbildungen 248 und 249.

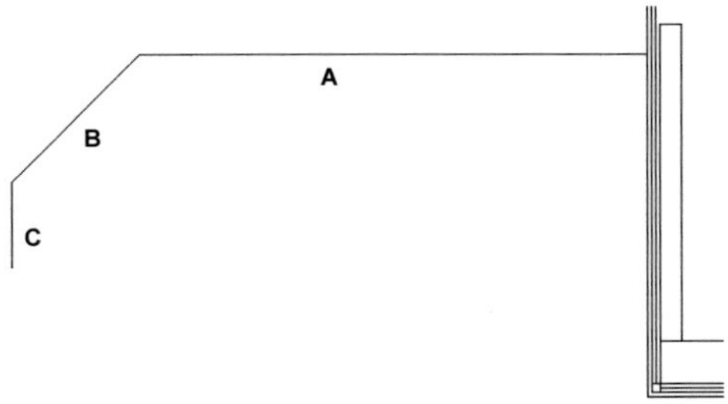

Abb. 248 Polylinie (gefast)

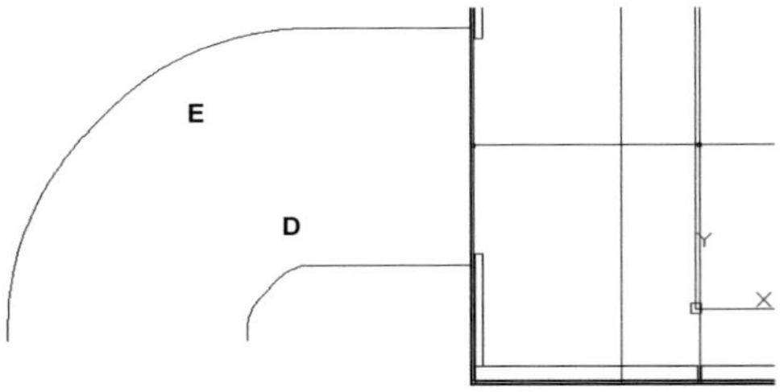

Abb. 249 Polylinie (gerundet, versetzt)

- ***Abrunden***
- [Radius] > [Enter]
- [2000] > [Enter]
- [Mehrere] > [Enter]
- Erstes Liniensegment wählen (A)
- Zweites Liniensegment wählen (B)
- Zweites Liniensegment wählen (B)
- Drittes Liniensegment wählen (C)
- [Esc]

- ***Versetzen***
- Abstand: [16100] eingeben
- [Enter]
- Zu versetzendes Objekt wählen (D)
- Punkt auf Seite wählen, in deren Richtung versetzt werden soll (E)
- [Esc]

4.3.3.11 PKW-Parkplätze

Personal und Kundschaft benötigen Parkplätze für die eigenen Pkws. Diese sollen rechts neben der Fabrikhalle dargestellt werden (Abb. 250, 251).

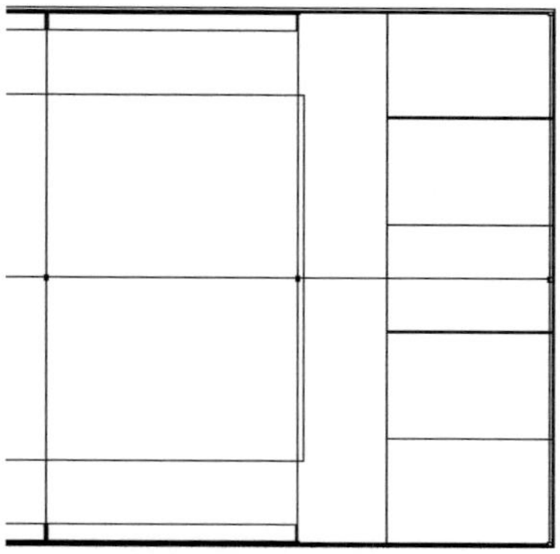

Abb. 250 Zeichnen des ersten Parkplatzes

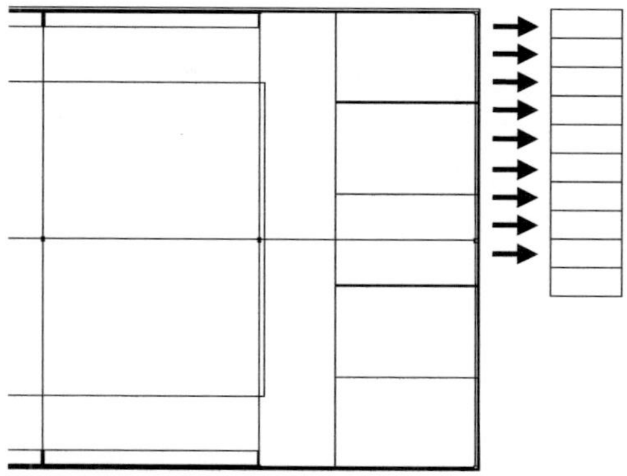

Abb. 251 Kopieren des ersten Parkplatzes

Zeichnen Sie ein ***Rechteck*** und ***kopieren*** Sie es anschließend 9 mal übereinander, wie in Abb. 251 dargestellt.

- ***Rechteck***
- Erster Punkt: [51100] > [Tab] > [7100]
- [Enter]
- Zweiter Punkt: [5000] > [Tab] > [2000]
- [Enter]

- ***Kopieren***
- Rechteck 9 mal kopieren und übereinander anordnen (Abb. 251)

Die beiden in Abb. 252 dargestellten ***Polylinien*** stellen die Abgrenzung des Parkbereiches dar. Zeichnen Sie die beiden Linien und runden Sie diese anschließend ab. Aktivieren Sie den ***Ortho-Modus***, um sauber in horizontaler und vertikaler Richtung zeichnen zu können.

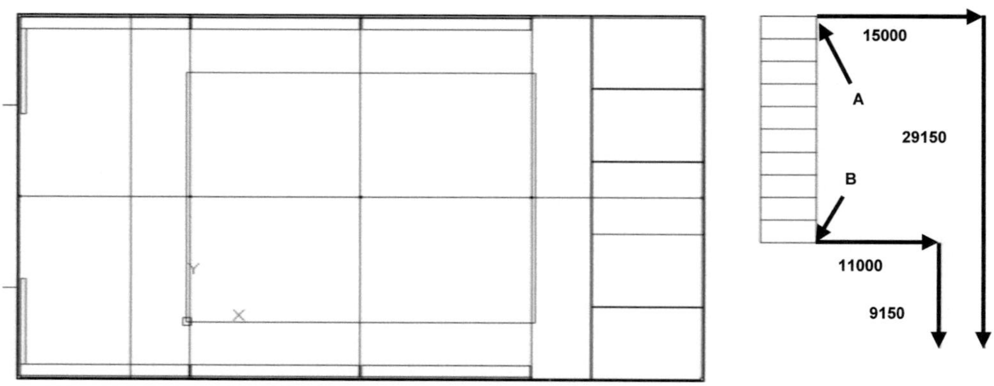

Abb. 252 Parkplatzabgrenzung durch Polylinien darstellen

- ***Polylinie***
- Startpunkt: Punkt A (Abb. 252)
- [Enter]
- Linie [15000] nach rechts zeichnen
- Linie [29150] nach unten zeichnen
- [Esc]

- ***Polylinie***
- Startpunkt: Punkt B (Abb. 252)
- [Enter]
- Linie [11000] nach rechts zeichnen
- Linie [9150] nach unten zeichnen
- [Esc]

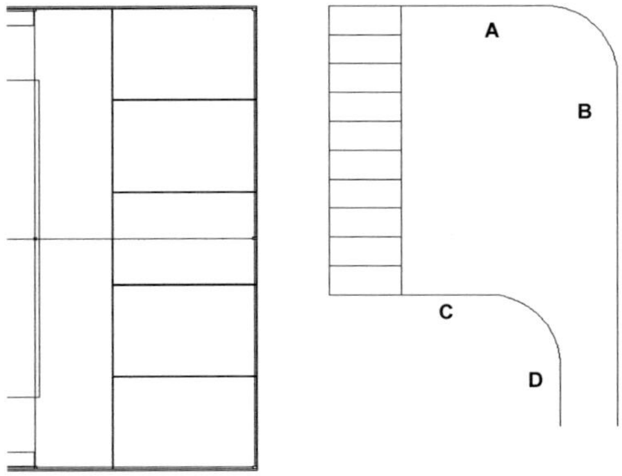

Abb. 253 Abrunden der Polylinien

- ***Abrunden***
- [Radius] > [Enter]
- [5000] > [Enter]
- [Mehrere] > [Enter]
- Linie A wählen (Abb. 253)
- Linie B wählen
- Linie C wählen
- Linie D wählen
- [Esc]

4.3.3.12 Befehlsgrundlagen: Stutzen (BG: ÄNDERN)

Abb. 254 Befehl: Stutzen

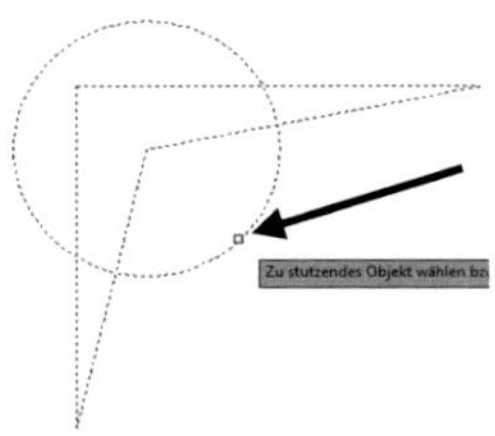
Abb. 255 Alle beteiligten Objekte, dann das zu stutzende Objekte wählen

FUNKTION

- Entfernt bis zu einer bestimmten Schnittkante ausgewählte Geometrieenden oder links und rechts daneben

OPTIONEN

- [Zaun]: Entfernt alle Geometrien bis zum nächsten Schnittpunkt, die von einer zu definierenden virtuellen Geraden (ZAUN) geschnitten werden
- [Kreuzen]: Entfernt gewählte Geometrie bis zum näch-

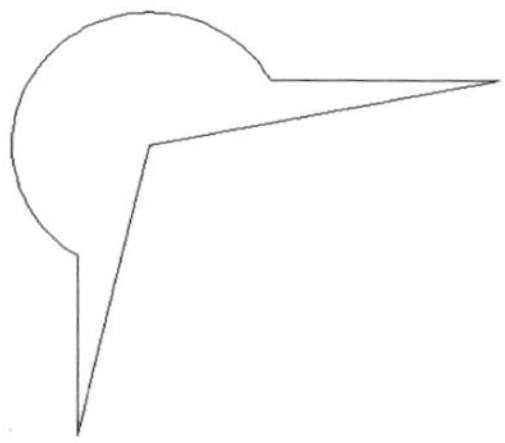

Abb. 256 Weitere zu stutzende Objekte wählen

sten Schnittpunkt

- [Projektion]: Mit der Befehlsaktivierung werden die aktuellen Grundeinstellungen angezeigt > Im 2D-Bereich das aktuelle BKS
- [Kante]: (Modus) > Nicht dehnen
- [Löschen]: Bietet das Löschen von ausgewählter Geometrie an
- [Zurück]: Letzter Befehl (Auswahl) wird zurückgenommen

4.3.3.13 Rechtecke (Parkplatz) stutzen

Der Befehl ***Stutzen*** entfernt überflüssige oder unerwünschte Liniensegmente. In unserem Übungsbeispiel sollen die in Abb. 257 mit ***B*** markierten Linienenden entfernt werden. Markieren Sie im ersten Schritt alle am Befehl beteiligten Linien, indem Sie bei gedrückter linker Maustaste ein Fenster über den gesamten Parkplatzbereich aufziehen (***A***). Nachdem die Auswahl durch [Enter] bestätigt wurde, können die zu entfernenden Linien nacheinander markiert und entfernt werden.

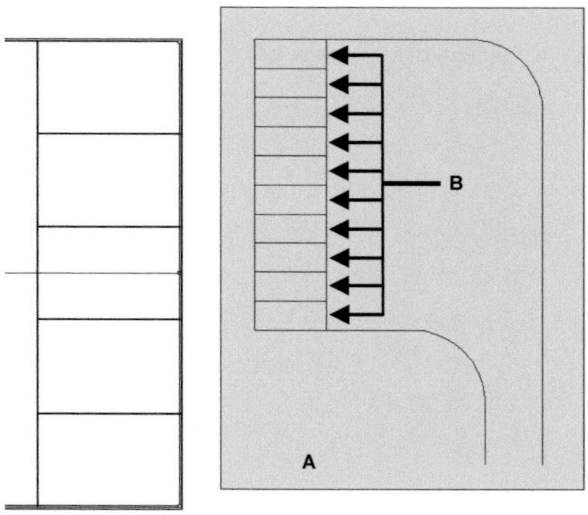

Abb. 257 Alle am Befehl beteiligten Linien markieren, zu stutzende Linien wählen

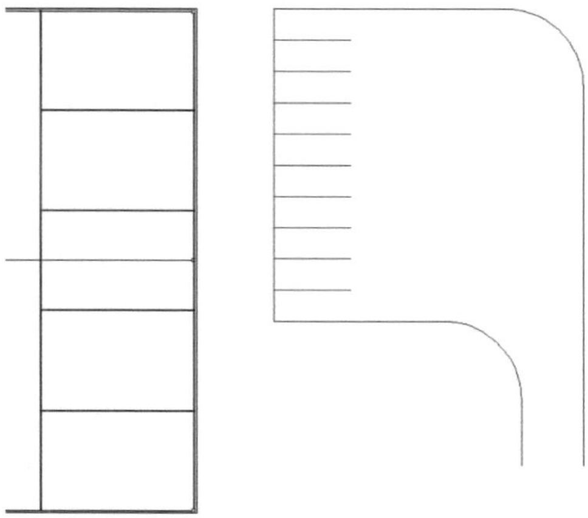

Abb. 258 Objekte wurden gestutzt

- ***Stutzen***
- Fenster über den gesamten PKW-Parkbereich aufziehen (Abb. 257 A)
- [Enter]
- Nacheinander die in Abb. 257 mit B markierten Linien wählen (zehn Stück)
- [Esc]

HINWEIS: Der Befehl **Stutzen** erfordert vor der Auswahl der zu stutzenden Linien eine Markierung aller am Schnitt beteiligten Linien. Hier kann jede Linie einzeln markiert, oder bei gedrückter linker Maustaste ein Fenster über den gesamten Bereich aufgezogen werden.

4.3.3.14 Hauptstraße zeichnen

Eine Straße soll innerhalb des Fabrikgeländes den LKW-Anlieferbereich und den Parkplatzbereich der Pkws miteinander verbinden. Zeichnen Sie in der folgenden Übung ein weiteres ***Rechteck*** (Abb. 259).

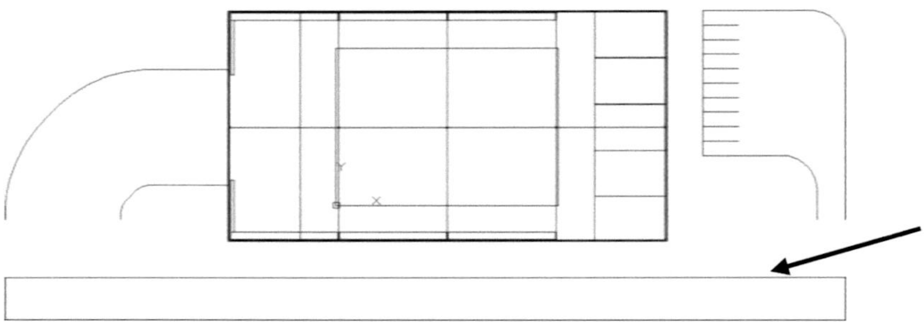

Abb. 259 Die Hauptstrasse auf dem Fabrikgelände

- ***Rechteck***
- Erster Punkt: [-46200] > [Tab] > [-16100]
- [Enter]
- Zweiter Punkt: [117300] > [Tab] > [6000]
- [Enter]

4.3.3.15 Befehlsgrundlagen: Dehnen (BG: ÄNDERN)

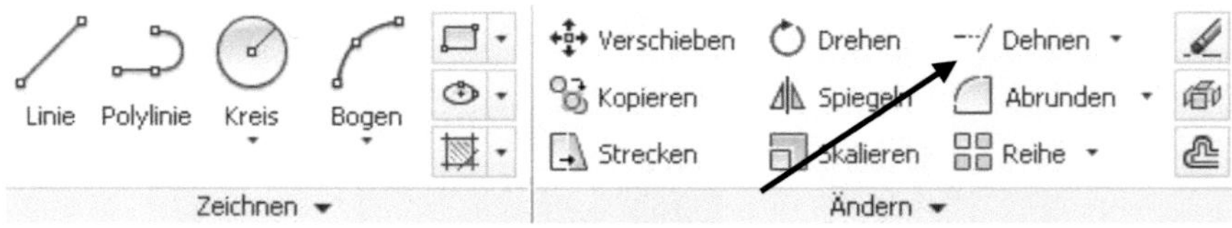

Abb. 260 Befehl: Dehnen

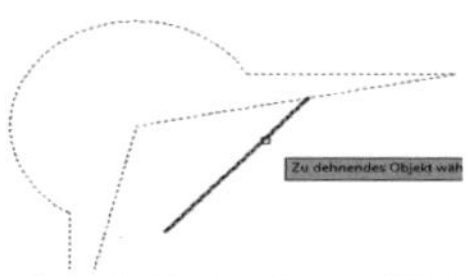

Abb. 261 Alle beteiligten Objekte, dann zu dehnendes Objekt wählen

FUNKTION

- Verlängert ein Objekt bis zum nächsten geometrischen oder einem gewählten Schnittpunkt (Grenzkante)

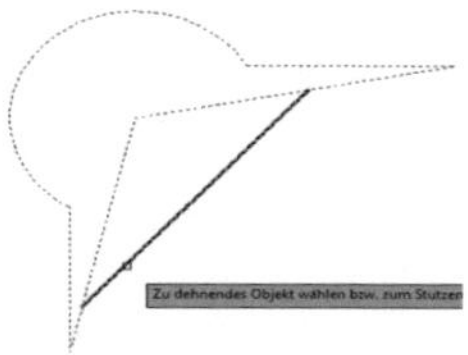

Abb. 262 Weitere Objekte dehnen

OPTIONEN

- [Zaun]: Dehnt das Objekt, welches von einer zu definierenden virtuellen Geraden (Zaun) geschnitten wird
- [Kreuzen]: Dehnt das Objekt, das von einem Auswahlfenster erfasst wird
- [Projektion]: Mit der Befehlsaktivierung werden die aktuellen Grundeinstellungen angezeigt > Im 2D-Bereich das aktuelle BKS
- [Kante]: Für einen virtuellen Schnittpunkt [Dehnen] wählen (voreingestellt: nicht dehnen)
- [Zurück]: Letzter Befehl wird zurückgenommen

4.3.3.16 LKW- und PKW-Bereiche mit Hauptstraße verbinden

Starten Sie den Befehl ***Dehnen*** und markieren Sie nacheinander die in Abb. 263 markierten Linien (***A***, ***B***). Bestätigen Sie mit [Enter] und wählen Sie anschließend nacheinander die vier mit ***A*** markierten Linienenden, welche sich dadurch automatisch bis zur oberen Linie des Rechtecks (***B***) verlängern sollten.

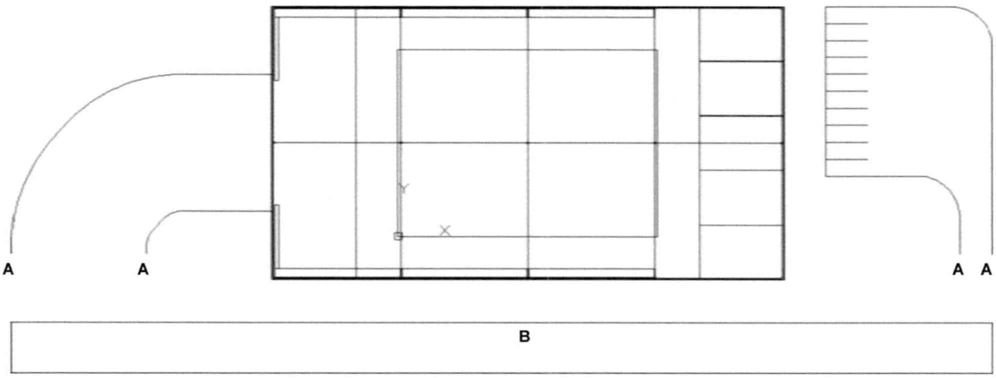

Abb. 263 Polylinien (A) dehnen

- ***Dehnen***
- Vier Polylinien (A) und das Rechteck (B) markieren (Abb. 263)
- [Enter]
- Nacheinander die unteren Linienenden der vier Polylinien (A) wählen
- [Esc]

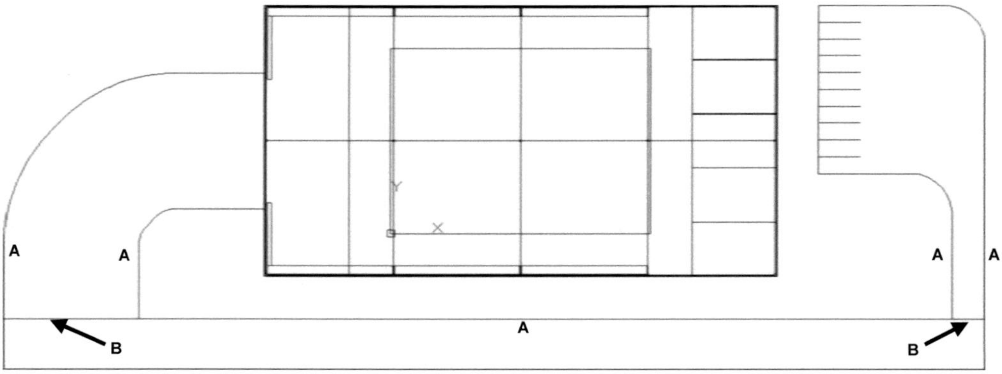

Abb. 264 Linien stutzen

Stutzen Sie anschließend die in Abb. 264 mit ***B*** markierten beiden Liniensegmente.

- ***Stutzen***
- Alle am Befehl beteiligten Linien wählen (Abb. 264 A, B)
- [Enter]
- Nacheinander die zu stutzenden Linien wählen (Abb. 264 B)
- [Esc]

4.3.3.17 Wasserspeicher

Die Produktionslinie benötigt zur Vorratsspeicherung des Quellwassers zwei Wassertanks, welche in der 2D-Draufsicht durch zwei ***Kreise*** dargestellt werden sollen (Abb. 265).

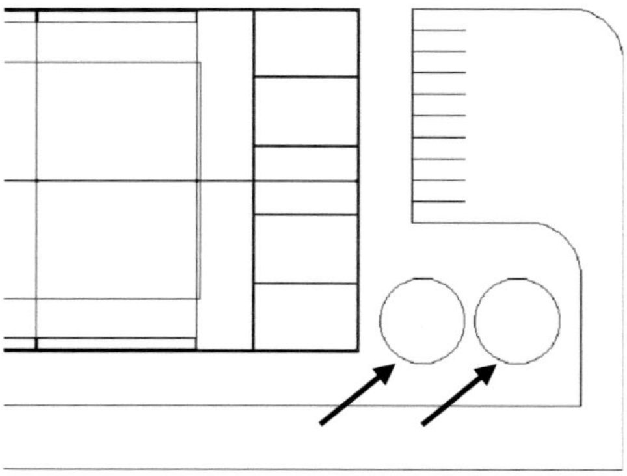

Abb. 265 Wasserspeicher zeichnen

- ***Kreis durch Mittelpunkt & Radius***
- Mittelpunkt: [52100] > [Tab] > [-2100]
- [Enter]
- Radius: [4000]
- [Enter]

- ***Kreis durch Mittelpunkt & Radius***
- Mittelpunkt: [61100] > [Tab] > [-2100]
- [Enter]
- Radius: [4000]
- [Enter]

4.3.3.18 Befehlsgrundlagen: Doppelte Objekte löschen (BG: ÄNDERN)

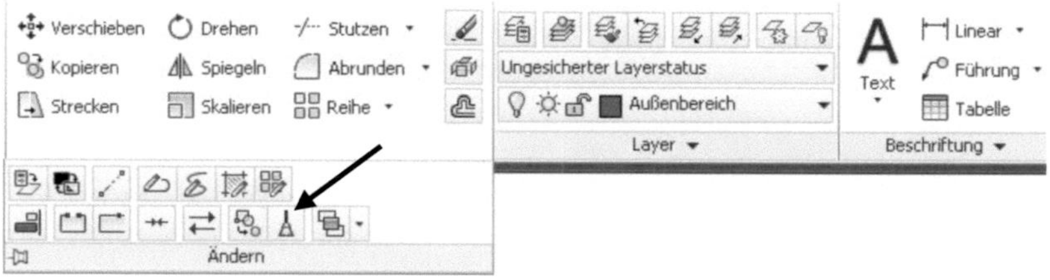

Abb. 266 Befehl: Doppelte Objekte löschen

Kontrolliert die Zeichnung auf übereinanderliegende/ sich überlappende Objekte und löscht bzw. verbindet diese miteinander. Zeichnungen können damit (geometrisch) bereinigt werden (Befehlsgruppe ***Ändern*** muss erweitert werden).

4.3.3.19 Bereinigen der Zeichnung durch Löschen doppelter Objekte

Klappen Sie in der Befehlsgruppe ***Layer*** das Auswahlmenü auf und ***entsperren*** Sie den Layer ***Fabrikhalle*** (Abb. 268). Starten Sie den Befehl ***Doppelte Objekte löschen***. Markieren Sie alle Objekte der Zeichnung (Fenster) und bestätigen Sie mit [Enter].

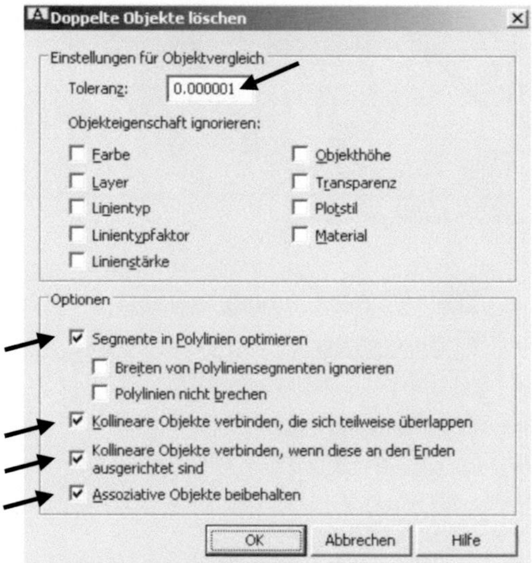

Abb. 267 Doppelte Objekte löschen

Abb. 268 Layer: Fabrikhalle entsperren

- Layer ***Fabrikhalle*** ***entsperren*** (Abb. 267)
- ***Doppelte Objekte löschen***
- Bei gedrückter linker Maustaste ein Fenster über alle Objekte der Zeichnung aufziehen, um alle Elemente der Zeichnung zu markieren > [Enter]
- Einstellungen aus Abb. 267 übernehmen
- 

4.3.3.20 Befehlsgrundlagen: Bereinigen (Hauptmenü)

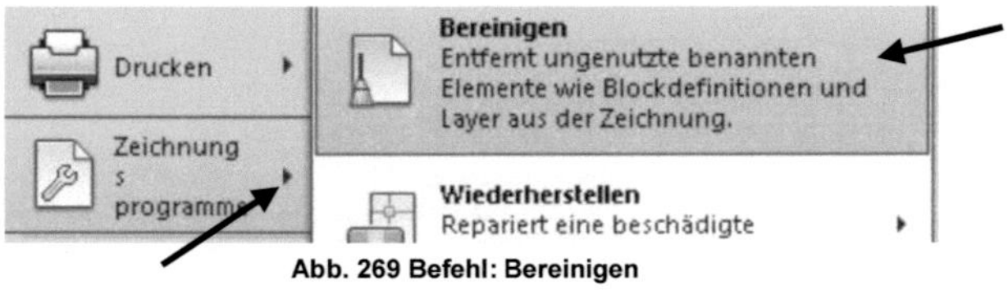

Abb. 269 Befehl: Bereinigen

Bereinigt eine Zeichnung von unbenutzten Blöcken, Layern, Gruppen und Stilen.

4.3.3.21 Bereinigen der Zeichnung durch Löschen unbenutzter Elemente

Bereinigen Sie Ihre Zeichnung von unbenutzten Blöcken, Layern, Gruppen und Stilen. Starten Sie den Befehl ***Bereinigen*** im Hauptmenü.

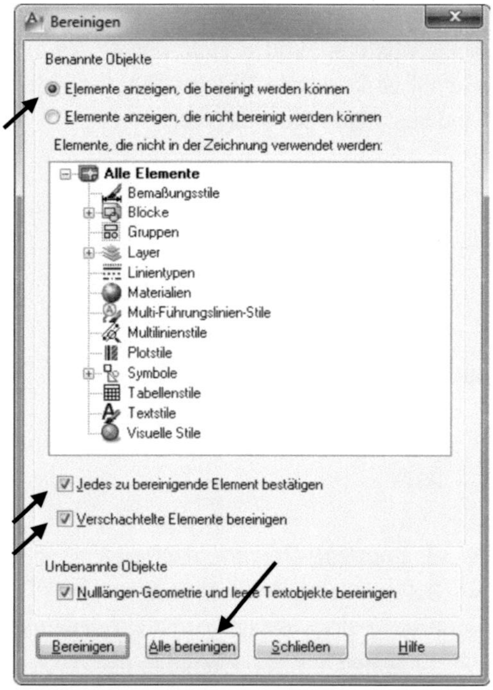

Abb. 270 Befehlsoptionen Bereinigen

Abb. 271 Bestätigungsfenster

- > ***Zeichnungsprogramme*** >
- ***Bereinigen***
- [Alle bereinigen] Alle bereinigen (Abb. 270)
- Alle Elemente (Abb. 271)
- [Schließen] (Abb. 270)

Speichern und schließen Sie die Datei abschließend.

4.3.3.22 Eine neue Zeichnung für die Gesamtdarstellung erzeugen

Im nächsten Schritt sollen die bereits erzeugten Zeichnungen in eine Gesamtzeichnung eingefügt werden. Bisher wurden externe Zeichnungen als Block in eine Zeichnung importiert. In der folgenden Übung sollen externe Zeichnungen als Referenzen eingefügt werden. Erzeugen Sie eine neue Datei und speichern Sie diese als ***00_00_Gesamt.dwg***.

- ***Neu***
- Vorlage: acadiso.dwt
- Öffnen

- ***Speichern***
- Dateiname: [00_00_Gesamt]
- Dateityp: *.dwg

4.4 ZEICHNUNG & BESCHRIFTUNG > Register: EINFÜGEN

4.4.1 Befehlsgruppe: REFERENZ

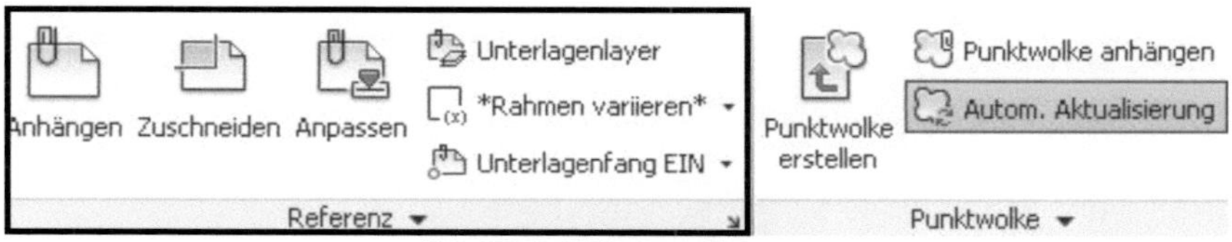

Abb. 272 Befehlsgruppe: Referenz

Neben der Möglichkeit, Zeichnungen oder Objekte als Blöcke in eine Zeichnung einzufügen, können diese als Referenzen importiert werden. Die Befehlsgruppe ***Referenz*** finden Sie im Register ***Einfügen***. Als Referenzen eingefügte Objekte haben den Vorteil, die Zeichnung nicht unnötig zu vergrößern (Speicherplatz), da diese nur als Vorschau in einer Zeichnung dargestellt werden. Die eigentliche (physische) Datei liegt extern. So kann die Speichergröße einer sehr komplexen Zeichnung gering gehalten werden. Das Arbeiten mit Referenzen kann mit dem Arbeiten von Bauteilen und Baugruppen in anderen Programmen verglichen werden.

4.4.1.1 Befehlsgrundlagen: Anhängen

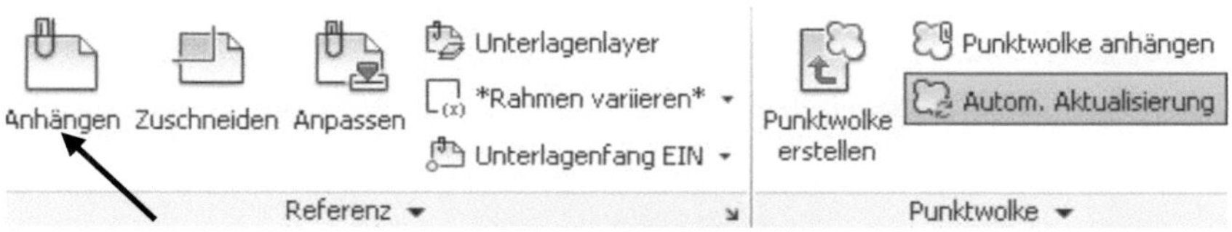

Abb. 273 Befehl: Anhängen

Fügt in die aktuelle Zeichnung eine Referenzdatei ein.

4.4.1.2 Zeichnung: Produktionslinie als Referenzen einfügen

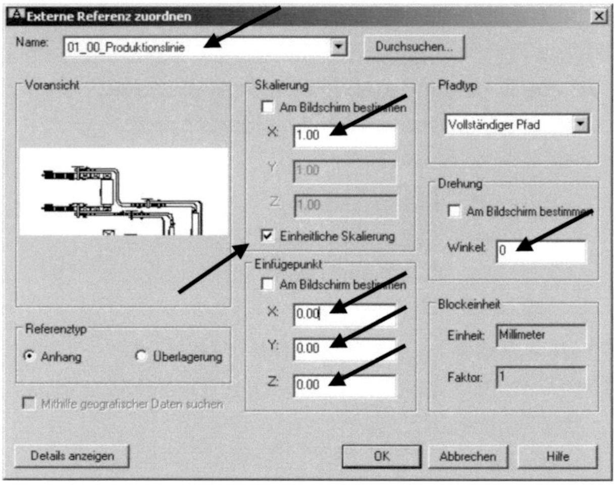

Abb. 274 Produktionslinie als Referenz einfügen

In den folgenden Übungen werden schrittweise alle zur Gesamtdarstellung benötigten Zeichnungen als Referenzen eingefügt. Bei der Erstellung jeder einzelnen Zeichnung wurde stets darauf geachtet, sich auf den Koordinatenursprung zu beziehen, d.h. die Position jedes geometrischen Objektes wurde bereits vordefiniert. Der Einfügepunkt der Referenzen muss sich also ebenfalls auf den Koordinatenursprung beziehen.

Achten Sie also beim Einfügen der Referenzen darauf, sich im Bereich ***Einfügepunkt*** auf die Koordinaten ***X = 0***, ***Y = 0*** und ***Z = 0*** zu beziehen. Importieren Sie im ersten Schritt die Zeichnung ***01_00_Produktionslinie.dwg*** und orientieren Sie sich an Abb. 274.

- ***Anhängen***
- Dateiname: [01_00_Produktionslinie]
- Öffnen
- Optionen aus Abb. 274 übernehmen
- OK

Aktivieren Sie am ***ViewCube*** die Ansicht ***OBEN***, um das eingefügte Objekt sichtbar zu machen. Wiederholen Sie den Befehl und importieren Sie die Zeichnung ***02_00_Fabrikhalle_mit_Außenbereich.dwg***. Die restlichen Grundeinstellungen sind ebenfalls der Abb. 274 zu entnehmen.

- ***Anhängen***
- Dateiname: [02_00_Fabrikhalle_mit_Außenbereich]
- Öffnen
- Optionen aus Abb. 274 übernehmen
- OK

4.4.1.3 Befehlsgrundlagen: XRef-Fading

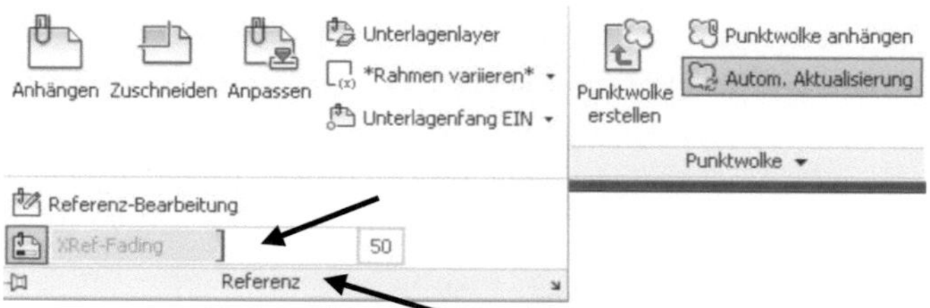

Abb. 275 Befehl: XRef-Fading

Der Befehl befindet sich in der erweiterten Befehlsgruppe ***Referenz***. Referenzen können mit einer anderen Intensität als direkt in einer Zeichnung vorhandene Objekte dargestellt werden. Der Schieberegler ändert diese Intensität. Das links stehende ***Symbol*** aktiviert/ deaktiviert die Option.

4.4.1.4 XRef-Fading ändern

Referenzen werden grundlegend mit einer geringeren Intensität dargestellt, um diese von den in der Zeichnung original vorhandenen Objekten zu unterscheiden. Diese Einstellung soll in der folgenden Übung geändert werden.

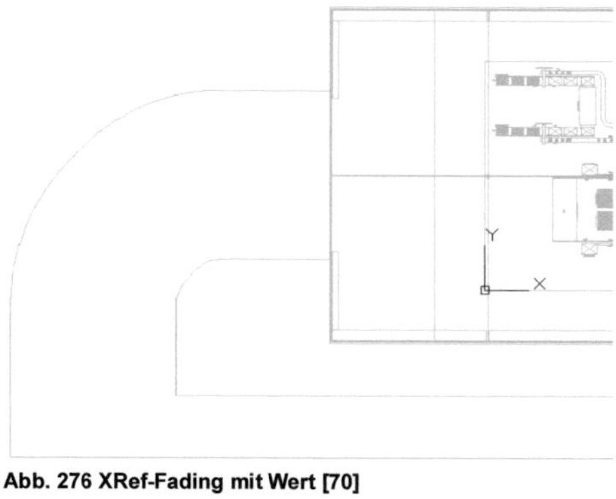

Abb. 276 XRef-Fading mit Wert [70]

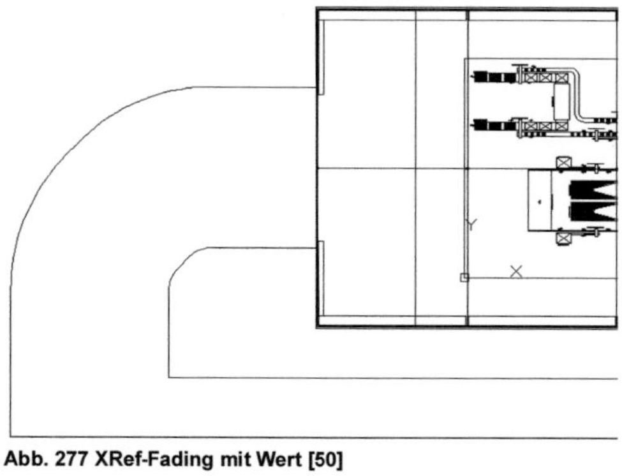

Abb. 277 XRef-Fading mit Wert [50]

Erweitern Sie die Befehlsgruppe ***Referenzen*** und achten Sie darauf, dass das linksstehende Symbol des Befehls aktiviert ist. Ändern Sie den Wert der Intensität auf [50]. Verwenden Sie hierfür den Schieberegler oder geben Sie den Wert in den rechts daneben befindlichen Eingabebereich ein (Tastatureingabe).

4.4.1.5 Befehlsgrundlagen: Referenz-Bearbeitung

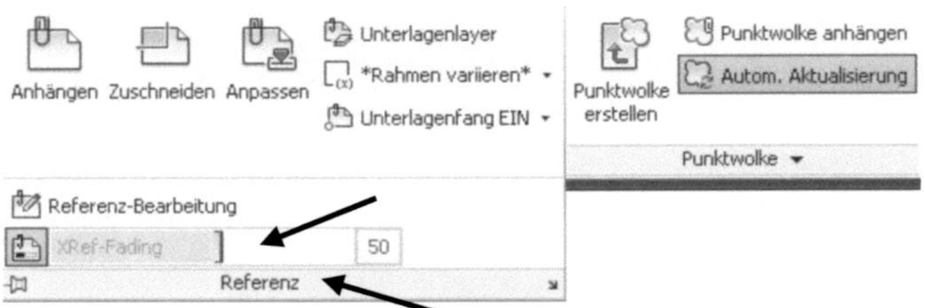

Abb. 278 Befehl: XRef-Fading

Bearbeitet eine externe Referenzdatei aus der aktuellen Zeichnung heraus, ohne diese öffnen zu müssen. Die restlichen, sich in der Zeichnung befindlichen Referenzen oder Objekte werden während der Bearbeitung optisch gedimmt.

4.4.1.6 Bearbeiten der der externen Referenz: Fabrikhalle

Die externe Referenz ***Fabrikhalle*** soll noch bearbeitet werden. Das soll aus der Gesamtzeichnung heraus geschehen. Starten Sie den Befehl ***Referenz-Bearbeitung*** und wählen Sie anschließend die in Abb. 279 mit ***A*** markierte Rundung der betreffenden Zeichnung.

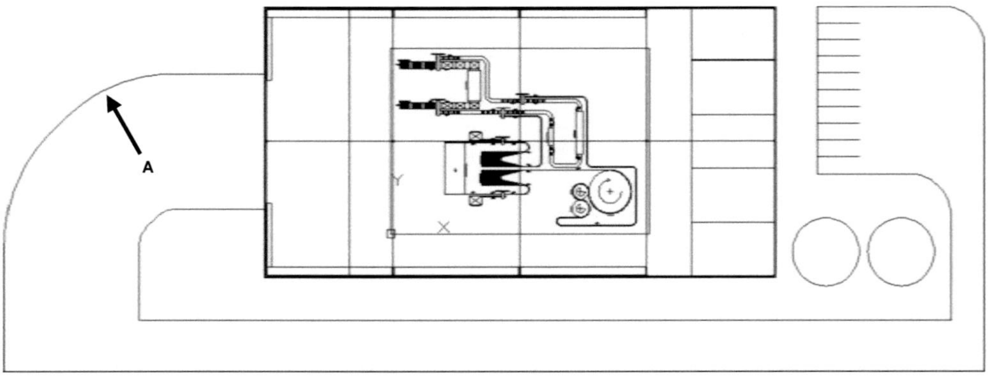

Abb. 279 Bearbeitung der externen Referenz: Fabrikhalle innerhalb der Gesamtzeichnung

- ***Referenz-Bearbeitung***
- Linie A (Abb. 279) wählen
- Optionen aus Abb. 280 übernehmen
- OK

HINWEIS: Das Fenster Referenzbearbeitung kann mit OK bestätigt werden.

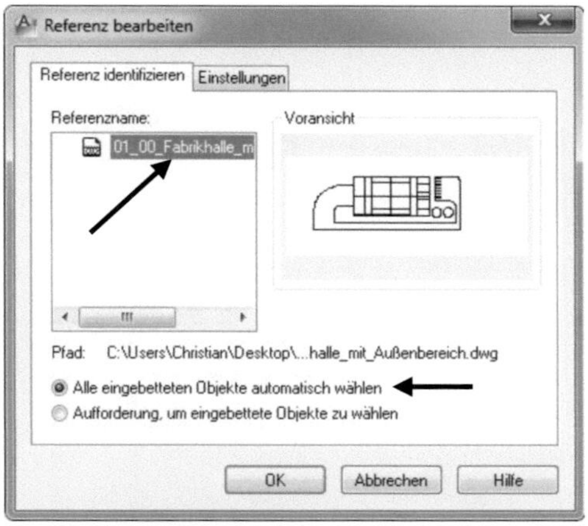

Abb. 280 Referenzen bearbeiten

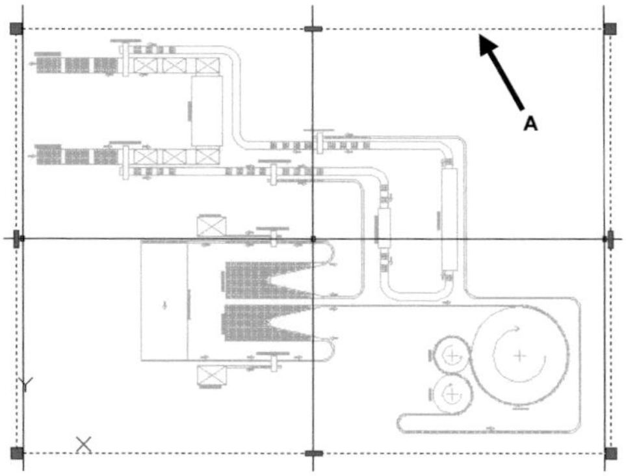

Abb. 281 Markiertes Rechteck löschen

Alle Objekte (außer die zur Bearbeitung gewählte Referenzdatei) werden jetzt gedimmt dargestellt. Eine neue Befehlsgruppe ***Referenz-Bearbeitung*** mit den folgend dargestellten Befehlsoptionen öffnet sich.

- Änderungen speichern
- Änderungen verwerfen
- Zu Arbeitssatz hinzufügen
- Aus Arbeitssatz entfernen

Löschen Sie im folgenden Schritt die markierte Umrandung des Produktionsbereiches.

- Rechteck markieren (Abb. 281 A)
- [Entf]

Verwenden Sie den Befehl ***Änderungen speichern***, um die Bearbeitung zu beenden und die Änderung in die originale Zeichnung zu übertragen.

- Änderungen speichern
- OK

4.4.1.7 Befehlsgrundlagen: Externe Referenzen

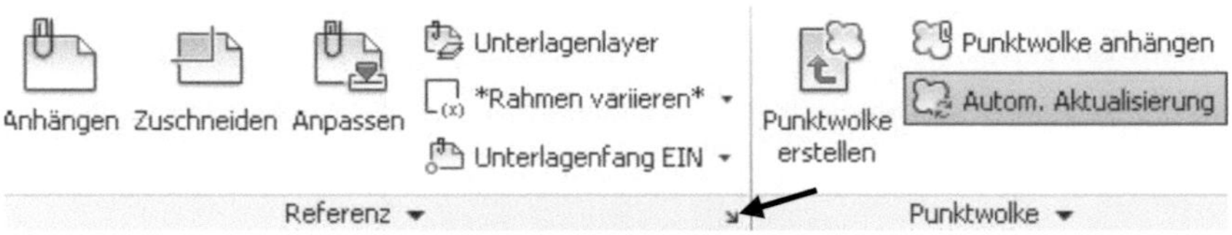

Abb. 282 Befehl: Externe Referenzen

Der Befehl wird über den kleinen Pfeil in der unteren rechten Ecke der Befehlsgruppe gestartet (Abb. 282). Er verwaltet vorhandene Referenzen, fügt neue hinzu oder zeigt Informationen darüber an

4.4.1.8 Referenzen hinzufügen

Starten Sie die ***Externen Referenzen***, öffnen Sie dort die Option ***DWG zuordnen*** und wählen Sie dann die Zeichnung ***03_00_Fuhrpark.dwg*** aus dem Projektordner. Orientieren Sie sich an den Abbildungen 283 und 284.

Abb. 283 Externe Referenzen

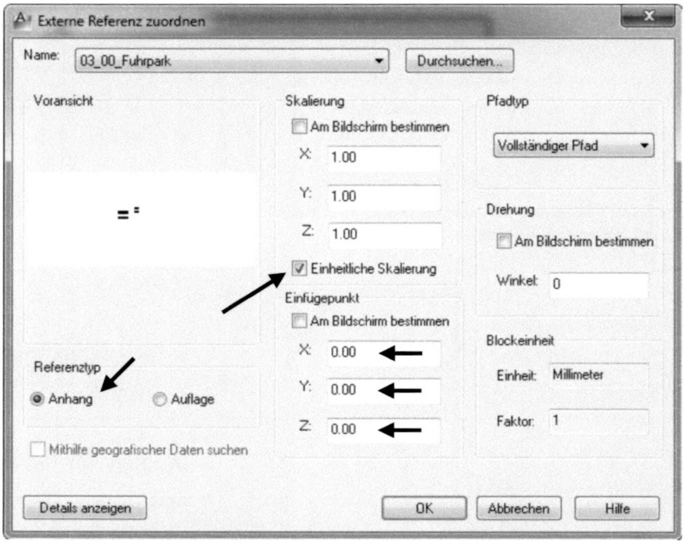

Abb. 284 Referenz [03_00_Fuhrpark] hinzufügen

- ***Manager für externe Referenzen***
- Zuordnen einer neuen Referenz
- Dateiname: [03_00_Fuhrpark]
- (aus Projektordner)
- Öffnen
- Optionen aus Abb. 284 übernehmen
- OK

Wiederholen Sie die Option Zuordnen einer neuen Referenz und importieren Sie die Referenz ***04_00_Rahmen_und_Schriftfeld_A0.dwg*** (Projektordner). Die Zeichnung enthält jetzt alle notwendigen Referenzen, um im Papierbereich ein druckfertiges Layout erzeugen zu können.

Schließen Sie die ***externen Referenzen***, ***speichern*** Sie die Zeichnung und wechseln Sie ins Modell / Layout1 / Layout2 ***Layout1*** (unterer Zeichenbereich).

5 Zeichnung für Druck aufbereiten (Papierbereich)

5.1 Allgemeine Grundeinstellungen

5.1.1 Layout umbenennen

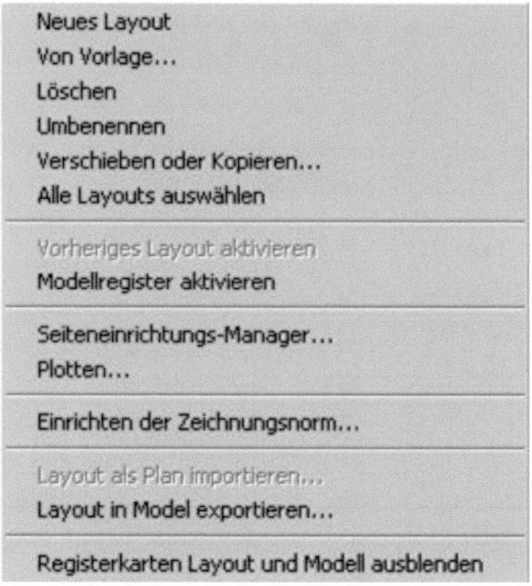

Abb. 285 Auswahlmenü der rechten Maustaste auf ein Layout

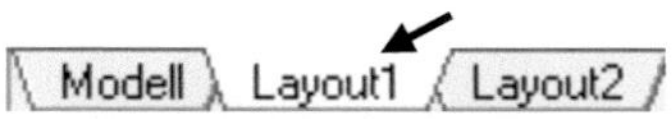

Abb. 286 Layoutbezeichnung alt: Layout1

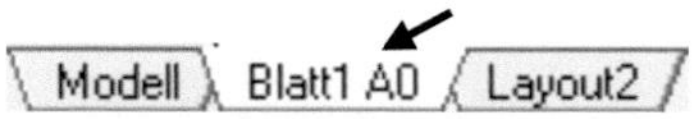

Abb. 287 Layoutbezeichnung neu: Blatt1 A0

Zeichnungen besitzen einen Modell- und einen/ mehrere Papierbereich(e). Im Modellbereich wird gezeichnet und konstruiert, im Papierbereich (Layoutbereich) wird aus den Modelldaten ein druckfertiges Format erzeugt.

Eine Zeichnung kann mehrere Layouts beinhalten. Jedes Layout stellt ein Blatt dar, welches dann auf Papier gebracht werden soll. Mittels ***rechter Maustaste*** auf ein Layout (Abb. 285-287), können neue Layouts erzeugt, vorhandene gelöscht oder verschoben bzw. umbenannt werden.

Klicken Sie mit der ***rechten Maustaste*** auf die Registerkarte ***Layout1*** und wählen Sie die Option ***Umbenennen***. Erzeugen Sie die neue Bezeichnung ***Blatt1 A0***.

- ***Rechte Maustaste*** auf ***Layout1***
- Option: Umbenennen
- Neuer Name: [Blatt1 A0]
- [Enter]

HINWEIS: Alternativ kann der Layoutname durch einen Doppelklick auf das Layout geändert werden.

5.1.2 Der Seiteneinrichtungs-Manager

Abb. 288 Seiteneinrichtungs-Manager

Er verwaltet die Seiteneinrichtung eines Layouts (Papierformat, Drucker, Plottbereich, Plottoptionen, Plottmaßstab und Zeichnungsausrichtung), welche vor jeder Bearbeitung eines neuen Layouts festgelegt werden sollten. Klicken Sie mit der ***rechten Maustaste*** auf ***Blatt1 A0*** und wählen Sie den ***Seiteneinrichtungs-Manager***. Aktivieren Sie im Fenster die Auswahl ****Blatt1 A0**** und starten Sie anschließend die Option ***Ändern*** (Abb. 288). Übernehmen Sie anschließend alle Werte und Einstellungen aus Abb. 289.

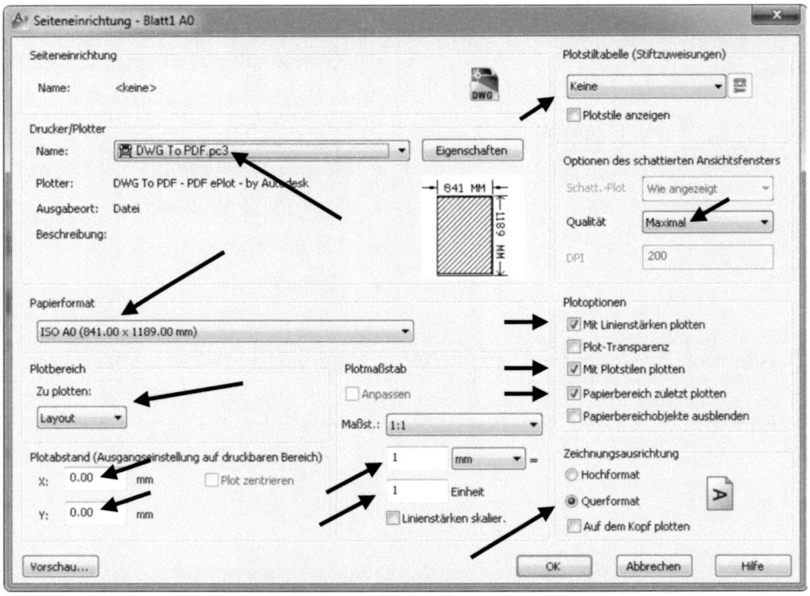

Abb. 289 Seiteneinrichtung Layout: Blatt1 A0

- ***Rechte Maustaste*** auf ***Blatt1 A0***
- Option: Seiteneinrichtungs-Manager
- Fenster: Seiteneinrichtungs-Manager
- ****Blatt1 A0**** wählen
- [Ändern...]
- Fenster: Seiteneinrichtung
- Optionen aus Abb. 289 übernehmen
- [OK]
- Fenster: Seiteneinrichtungs-Manager
- [Schließen]

5.1.3 Ansichtsfenster und Ansichtsfenstermaßstab

5.1.3.1 Ansichtsfenster einrichten

Um Inhalte aus dem Modellbereich auf den Layoutbereich übertragen zu können, werden ein (oder mehrere) Ansichtsfenster benötigt. Standardmäßig beinhaltet jedes Layout bereits ein solches Ansichtsfenster. Nachdem der Papierbereich auf die Größe ***A0*** geändert wurde, muss das bereits vorhandene Ansichtsfenster ebenfalls angepasst werden.

Markieren Sie das vorhandene Ansichtsfenster durch einen (einfachen) Klick auf den Rand des Ansichtsfensters (Abb. 290 ***A***). Ziehen Sie den kleinen blauen Punkt der oberen rechten Ecke des Ansichtsfensters bis zur in Abb. 290 ***B*** dargestellten Position. Ziehen Sie anschließend den in der unteren linken Ecke befindlichen Punkt bis zur in Abb. 290 ***C*** dargestellten Position. Das Ansichtsfenster sollte jetzt auf der gestrichelten Linie liegen.

<u>HINWEIS</u>: Markieren Sie das Ansichtsfenster nur durch einen einfachen Klick mit der linken Maustaste auf den Rand des Ansichtsfensters. Per Doppelklick gelangen Sie in den Modellbereich und können den Ansichtsinhalt unbeabsichtigt verschieben oder bearbeiten.

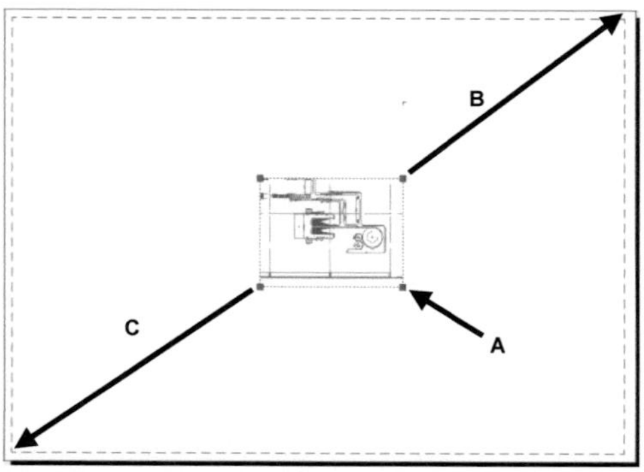

Abb. 290 Größe des Ansichtsfensters (Ausgangszustand)

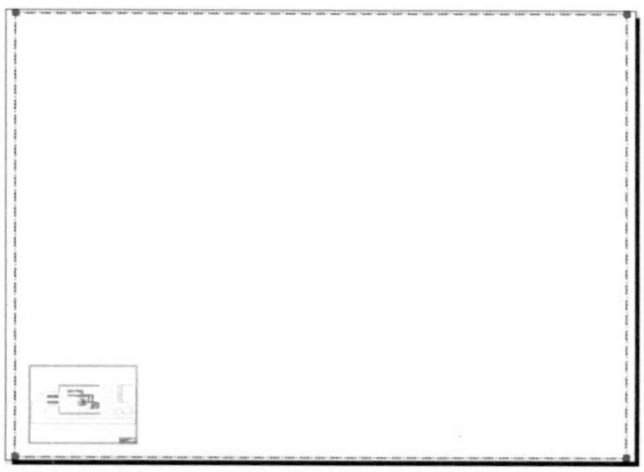

Abb. 291 Größe des Ansichtsfensters (geändert)

- Ansichtsfenster am Rand markieren (Abb. 290 A)
- Punkt oben rechts (Ansichtsfenster) auf Punkt oben rechts (gestricheltes Rechteck) ablegen (Abb. 290 B)
- Punkt unten links (Ansichtsfenster) auf Punkt unten links (gestricheltes Rechteck) ablegen (Abb. 290 C)
- [Esc]

5.1.3.2 Ansichtsfenstermaßstab anpassen

Abb. 292 Ansichtsfenstermaßstab bearbeiten

Sollte das Ansichtsfenster nicht mehr markiert sein, klicken Sie bitte erneut mit der linken Maustaste (einmal) darauf. In der unteren Werkzeugleiste (rechte Seite) erscheint der Ansichtsfenstermaßstab (Abb. 292). Klicken Sie darauf und wählen Sie die Option ***Benutzerdefiniert***. Im neuen Fenster ***Zeichnungsmaßstäbe bearbeiten*** ist die Option ***Hinzufügen*** zu wählen (Abb. 293).

Tragen Sie im Fenster ***Maßstab hinzufügen*** als Namen die Bezeichnung [1:110], als Wert für die Papiereinheiten [1] und als Wert der Zeichnungseinheiten [110] ein (Abb. 294). Nachdem das Fenster durch  bestätigt wurde, erscheint der neue Maßstab in der Auswahlliste und kann dort aktiviert werden (Abb. 293). Bestätigen Sie auch dieses Fenster durch .

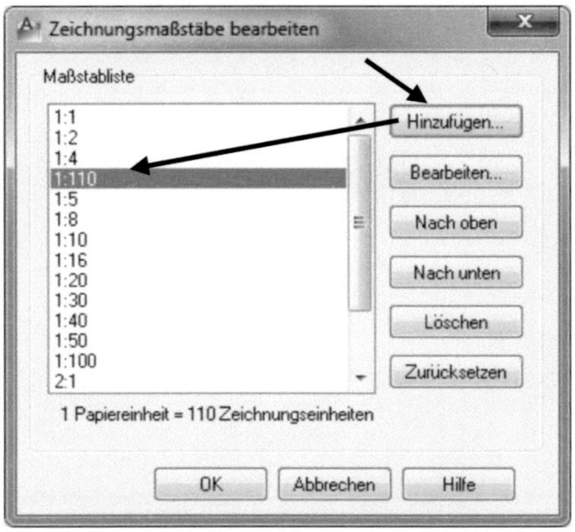

Abb. 293 Zeichnungsmaßstäbe bearbeiten

Abb. 294 Hinzufügen des Maßstabs [1:110]

- ***Ansichtsfenstermaßstab***
- Option: Benutzerdefiniert
- Hinzufügen... Hinzufügen
- Name in Maßstabsliste: [1:110]
- Papiereinheiten: [1]
- Zeichnungseinheiten: [110]
- OK

- ***Ansichtsfenstermaßstab***
- [1:110] aktivieren
- OK

Abb. 295 Ansichtsfenstermaßstab bearbeiten

Im letzten Schritt muss die Ansicht auf dem Zeichenblatt zentriert und anschließend dem soeben vorgegebenen Maßstab zugewiesen werden. Doppelklicken Sie auf die Mitte des Zeichenbereiches, wählen Sie dann am ***ViewCube*** die Ansicht ***OBEN*** und stellen Sie anschließend im Auswahlmenü des Ansichtsfenstermaßstabes den Maßstab ***1:110*** ein (Abb. 295). Durch einen Doppelklick außerhalb des Zeichenbereiches gelangen Sie wieder zurück.

5.1.4 Zeichnung beschriften

5.1.4.1 Layer: Beschriftung

Wechseln Sie ins Register ***Start*** und erzeugen Sie den Layer ***Beschriftung***.

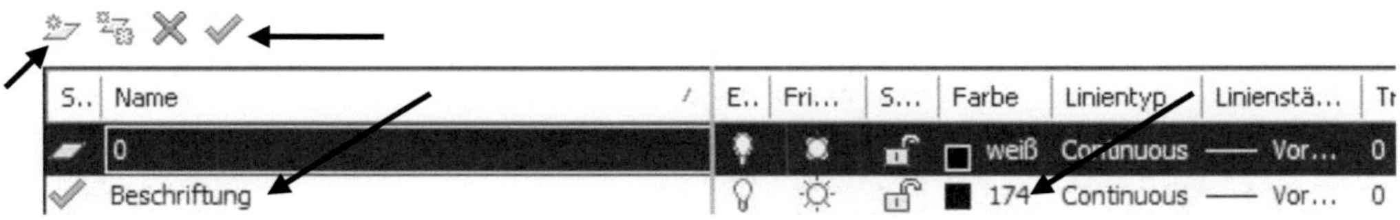

Abb. 296 Layer: Beschriftung erzeugen

- ***Layereigenschaften-Manager***
- Neuer Layer
- Name: [Beschriftung]
- Farbe: [174]
- Layer aktivieren
- Layereigenschaften schließen

5.1.4.2 Schriftkopf der Zeichnung mit Textinhalten versehen

Der vorhandene Schriftkopf der Zeichnung soll durch einige Zeilen ergänzt werden. Wechseln Sie ins Register ***Beschriften*** und starten Sie den Befehl ***Einzelne Zeile***. Orientieren Sie sich an Abb. 297.

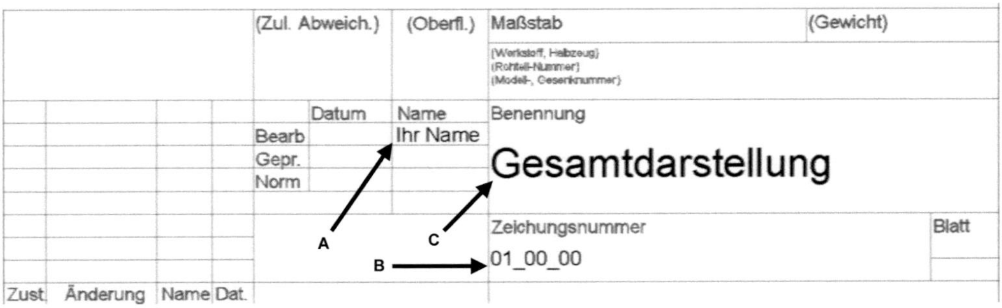

Abb. 297 Schriftfeld der Zeichnung ergänzen

- ***Einzelne Zeile***
- Position für ***Name*** festlegen (A)
- Höhe: [2.5]
- [Enter]
- Drehwinkel: [0]
- [Enter]
- Bezeichnung: [Ihr Name]
- [Enter] > [Enter]

- ***Einzelne Zeile***
- Position für ***Zeichnungsnummer*** festlegen (B)
- Höhe: [2.5]
- [Enter]
- Drehwinkel: [0]
- [Enter]
- Bezeichnung: [01_00_00]
- [Enter] > [Enter]

- ***Einzelne Zeile***
- Position für ***Benennung*** festlegen (C)
- Höhe: [5]
- [Enter]
- Drehwinkel: [0]
- [Enter]
- Bezeichnung: [Gesamtdarstellung]
- [Enter] > [Enter]

Fügen Sie weitere Beschriftungen wie z. B. im Textfeld ***Maßstab*** den Wert [1:110] oder im Textfeld ***Blatt*** den Wert [1] hinzu. Sollten Sie einen Text versehentlich an einer falschen Position abgelegt haben, kann dieser jederzeit nachträglich verändert werden. Hierfür klicken Sie den Text einmal mit der linken Maustaste an und verschieben diesen dann bei gedrückter linker Maustaste auf die gewünschte Position.

5.1.4.3 Die einzelnen Bereiche beschriften

Fügen Sie den Bereichen der Fabrik jeweils eine Textüberschrift hinzu. Verwenden Sie den Befehl ***Einzelne Zeile*** mit einer Schrifthöhe [5] und tragen Sie die Bezeichnungen aus Abb. 298 ein.

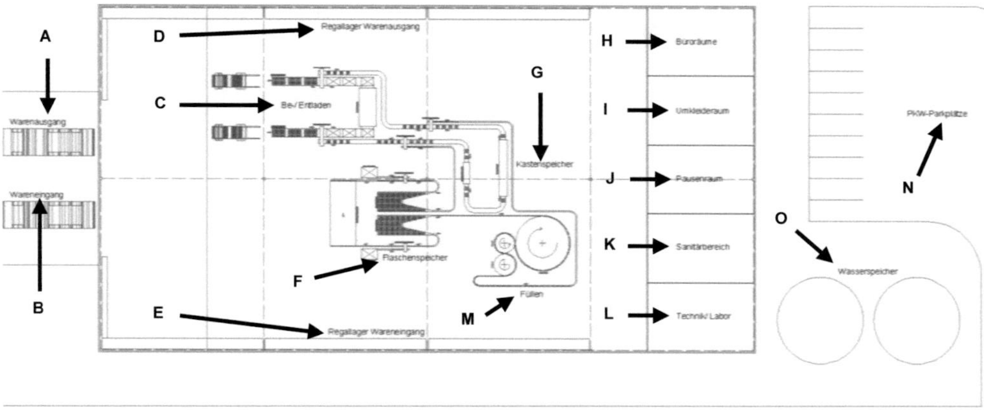

Abb. 298 Beschriften der Bereiche

- A) [Warenausgang]
- B) [Wareneingang]
- C) [Be-/ Entladen]
- D) [Regallager WA]
- E) [Regallager WE]
- F) [Flaschenspeicher]
- G) [Kastenspeicher]
- H) [Büroräume]
- I) [Umkleideraum]
- J) [Pausenraum]
- K) [Sanitärbereich]
- L) [Technik/ Labor]
- M) [Füllen]
- N) [PKW-Parkplätze]
- O) [Wasserspeicher]

Wiederholen Sie den Befehl A ***Einzelne Zeile***. Beschriften Sie weitere Bereiche der Zeichnung (z. B. die einzelnen Regale oder die jeweiligen Maschinen). Verwenden Sie unterschiedliche Schriftgrößen und testen Sie die Winkelfunktion (Drehwinkel).

5.2 ZEICHNUNG & BESCHRIFTUNG > Register: BESCHRIFTEN

Abb. 299 Register: Beschriften

Im Register ***Beschriften*** finden Sie die folgenden Befehlsgruppen zur Beschriftung und Bemaßung:

- Text
- Bemaßungen
- Führungslinien
- Tabellen
- Markierung
- Beschriftungs-Skalierung

5.2.1 Befehlsgruppe: BEMASSUNGEN

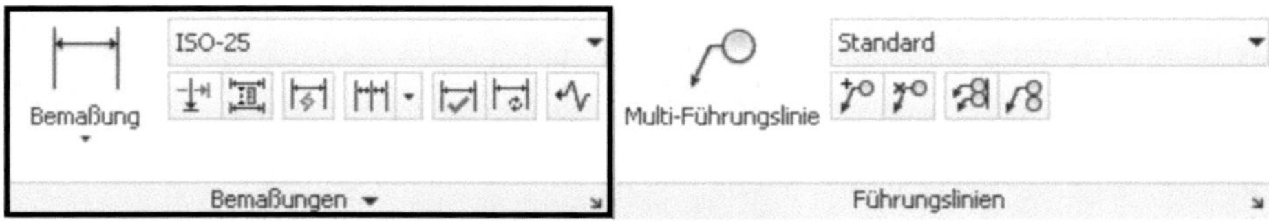

Abb. 300 Befehlsgruppe: Bemaßungen

Sie enthält eine Sammlung an Bemaßungsbefehlen. Je nach Objekttyp können Bemaßungen erstellt und bearbeitet werden.

5.2.1.1 Befehlsgrundlagen: Linearbemaßung

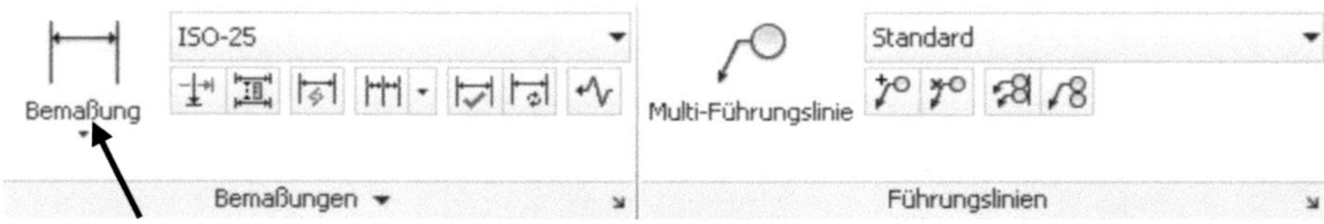

Abb. 301 Befehl: Linearbemaßung

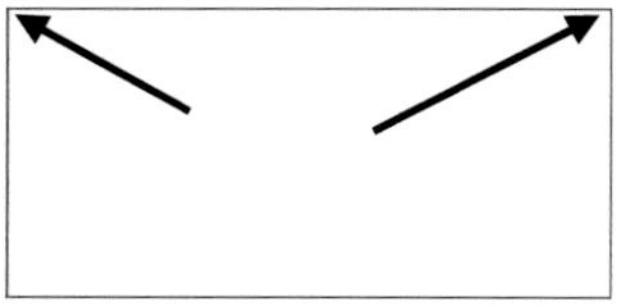

Abb. 302 Punkte wählen

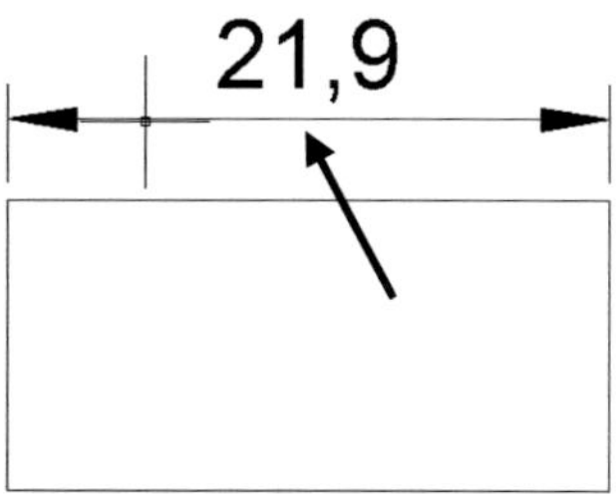

Abb. 303 Bemaßung ablegen

FUNKTION

- Erstellt eine lineare Bemaßung zwischen zwei Punkten

OPTIONEN

- [Mtext]: Mehrzeiliger Bemaßungstext
- [Text]: Texteingabe
- [Winkel]: Winkeleingabe für Maßtext
- [Horizontal]: Linearbemaßung horizontal
- [Vertikal]: Linearbemaßung vertikal
- [Drehen]: Linearbemaßung drehen

5.2.1.2 Abstand der ersten beiden Hallenpfeiler bemaßen

Die erste Bemaßung soll den Abstand der ersten beiden Hallenpfeiler (oben links) darstellen. Bemaßt werden soll der Schnittpunkt der gestrichelten Linien mit den Pfeiler-Rechtecken. Starten Sie den Befehl und orientieren Sie sich an Abb. 304-307.

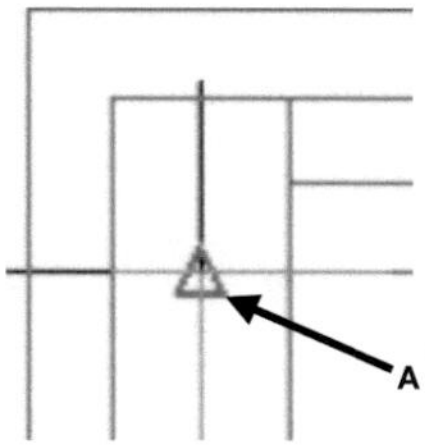

Abb. 304 Startpunkt der Bemaßung

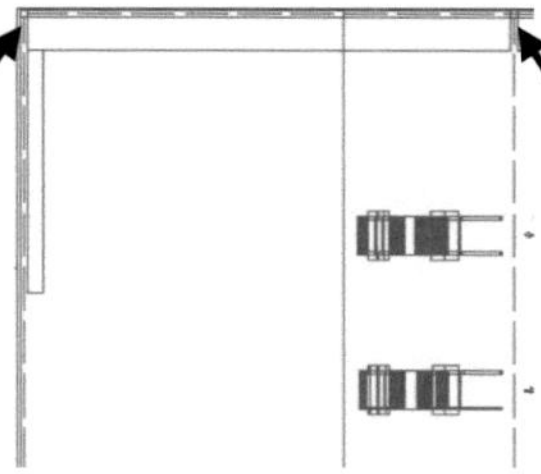

Abb. 305 Start- und Endpunkt

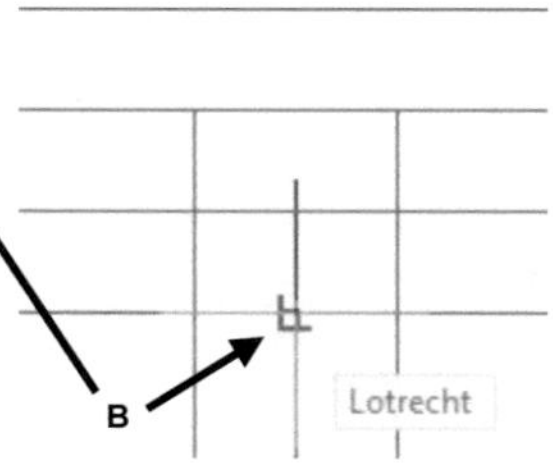

Abb. 306 Endpunkt der Bemaßung

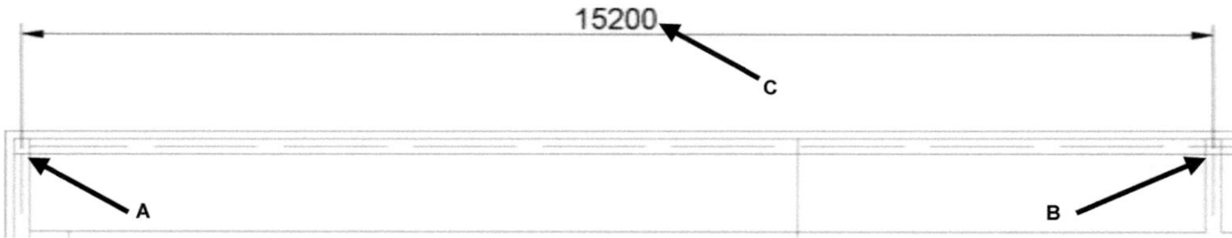

Abb. 307 Linearbemaßung an den ersten beiden Hallenpfeilern (oben links) der Gesamtdarstellung

- ***Linearbemaßung***
- Startpunkt der Bemaßung wählen (Abb. 304 A)
- Endpunkt der Bemaßung wählen (Abb. 306 B)
- Maßtext ablegen (Abb. 307 C)

5.2.1.3 Befehlsgrundlagen: Weiter (Bemaßung)

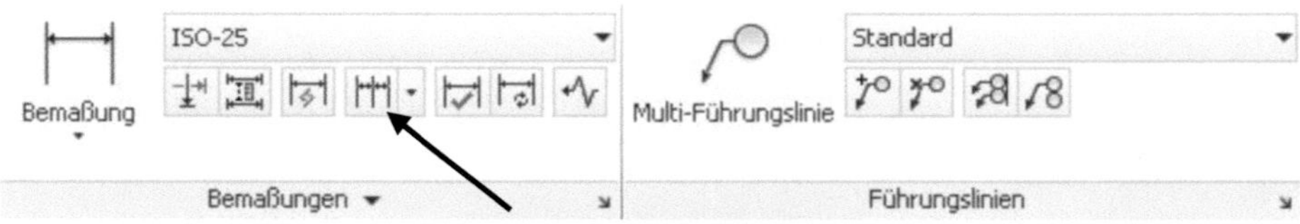

Abb. 308 Befehl: Weiter bemaßen

Fügt der zuletzt erzeugten Bemaßung weitere Bemaßungspunkte als Kettenbemaßung hinzu.

5.2.1.4 Linearbemaßung der ersten beiden Hallenpfeiler fortsetzen

Der Befehl ermöglicht eine Weiterführung des zuletzt erzeugten Maßes als Kettenmaß. Es müssen lediglich weitere Referenzpunkte gewählt werden. Startpunkt und Maßposition werden automatisch übernommen. Im nächsten Schritt soll das zuletzt erzeugte Maß erweitert werden. Starten Sie den Befehl ***Weiter*** und wählen Sie anschließend die restlichen drei Pfeiler der oberen Reihe (Schnittpunkt der gestrichelten Linien mit Pfeiler-Rechteck).

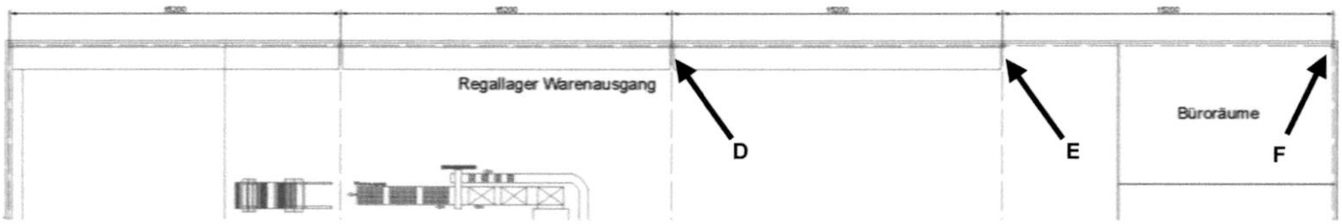

Abb. 309 Linearbemaßung wird erweitert

- ***Weiter***
- Referenzpunkt wählen (D)
- Referenzpunkt wählen (E)
- Referenzpunkt wählen (F)
- [Esc]

HINWEIS: Um Referenzpunkte einer vorhandenen Bemaßung neu zu definieren, kann der Befehl ***Erneut verknüpfen*** verwendet werden.

5.2.1.5 Befehlsgrundlagen: Radiusbemaßung

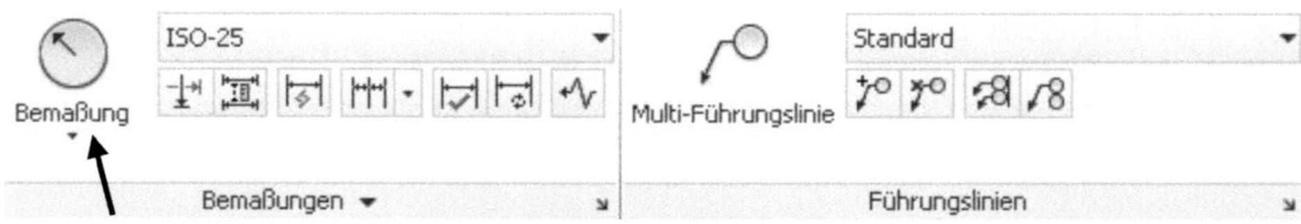

Abb. 310 Befehl: Radiusbemaßung

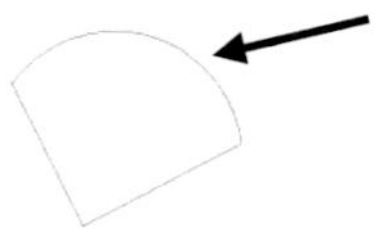

Abb. 311 Bogen/ Kreis wählen

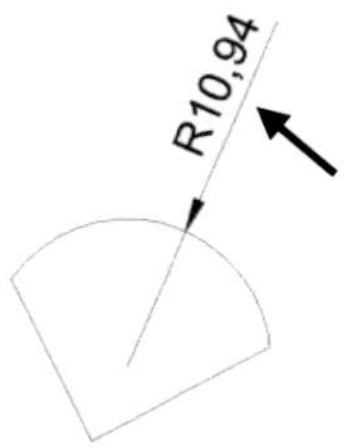

Abb. 312 Bemaßung ablegen

FUNKTION

- Erzeugt eine Radiusbemaßung an einem Bogen/ Kreis

OPTIONEN

- [Mtext]: Mehrzeiliger Bemaßungstext
- [Text]: Texteingabe
- [Winkel]: Winkeleingabe für Maßtext

5.2.1.6 Wasserspeicher (links) mit Radiusbemaßung versehen

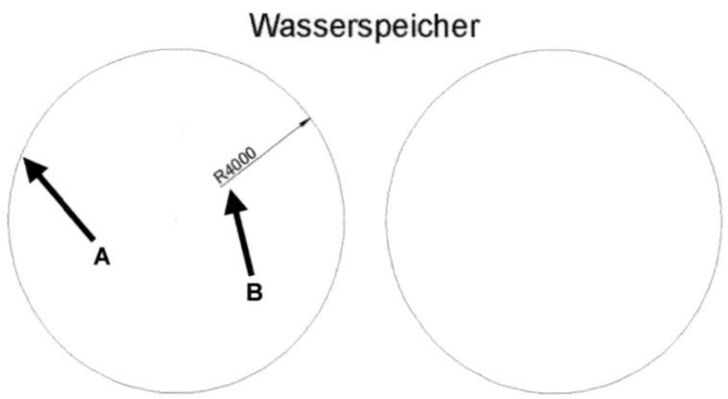

Abb. 313 Wasserspeicher (links) bemaßen

Starten Sie den Befehl ***Radiusbemaßung***, wählen Sie den in Abb. 313 markierten Kreis (***A***) und legen Sie den Maßtext an der markierten Position (***B***) ab.

- ***Radiusbemaßung***
- Kreis A (Abb. 313) wählen
- Maßtext an Position B ablegen

5.2.1.7 Befehlsgrundlagen: Durchmesserbemaßung

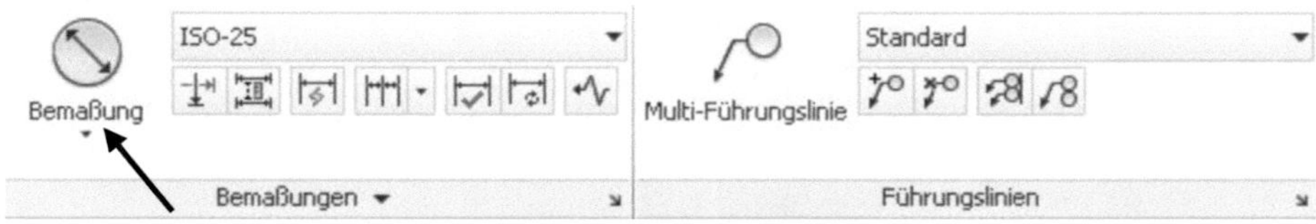

Abb. 314 Befehl: Durchmesserbemaßung

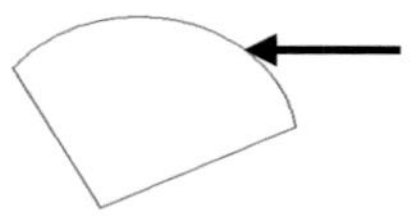

Abb. 315 Bogensegment wählen

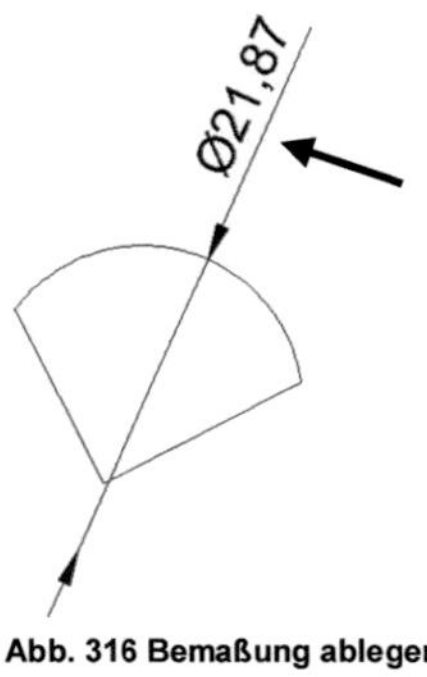

Abb. 316 Bemaßung ablegen

FUNKTION

- Erzeugt eine Durchmesserbemaßung an einem Bogen/ Kreis

OPTIONEN

- [Mtext]: Mehrzeiliger Bemaßungstext
- [Text]: Texteingabe
- [Winkel]: Winkeleingabe für Maßtext

5.2.1.8 Wasserspeicher (rechts) mit Durchmesserbemaßung versehen

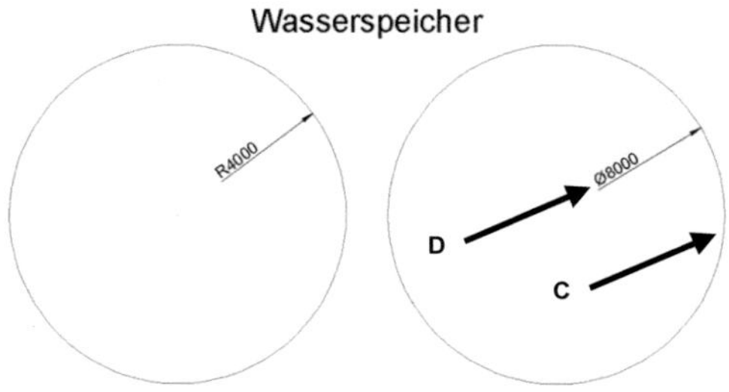

Abb. 317 Wasserspeicher (rechts) bemaßen

Starten Sie den Befehl ***Durchmesser-bemaßung*** und bemaßen Sie den rechten Kreis aus Abb. 317 ***C***.

- ***Durchmesserbemaßung***
- Kreis C (Abb. 317) wählen
- Maßtext an Position D ablegen

5.2.1.9 Befehlsgrundlagen: Zentrumsmarkierung

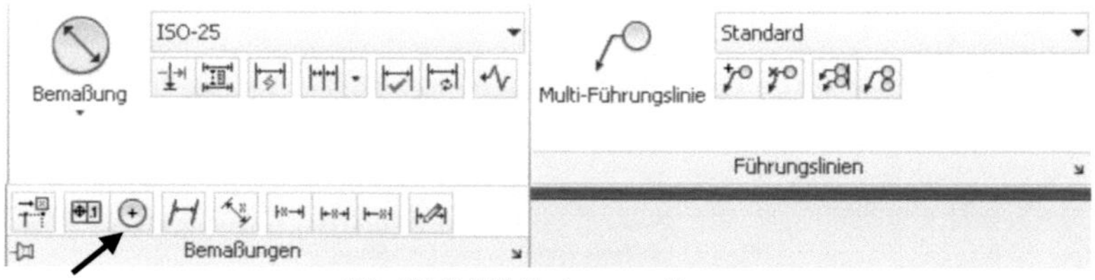

Abb. 318 Befehl: Zentrumsmarkierung

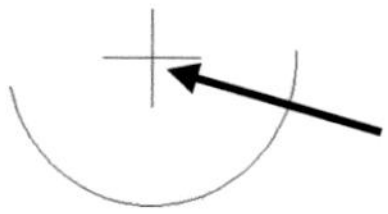

Abb. 319 Bogen/ Kreis wählen

FUNKTION

- Fügt einem Bogen/ Kreis eine Mittelpunktmarkierung hinzu

5.2.1.10 Zentren der Wasserspeicher markieren

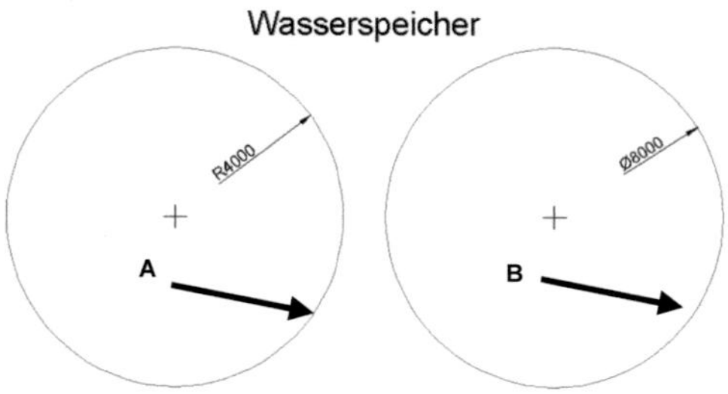

Abb. 320 Zentren der Wasserspeicher darstellen

Starten Sie den Befehl ***Zentrumsmar-kierung*** und wählen Sie den linken Kreis. Wiederholen Sie das für den rechten Kreis.

- ***Zentrumsmarkierung***
- Kreis A wählen (Abb. 320)

- ***Zentrumsmarkierung***
- Kreis B wählen (Abb. 320)

5.2.2 Befehlsgruppe: FÜHRUNGSLINIEN

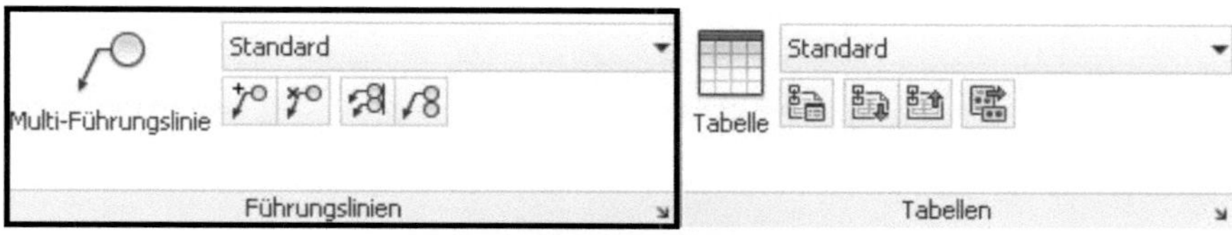

Abb. 321 Befehlsgruppe: Führungslinien

Führungslinien sind Textwerkzeuge, kombiniert mit Linien und Umrandungen. Führungslinien können einzeln dargestellt oder gruppiert werden.

5.2.2.1 Befehlsgrundlagen: Multi-Führungslinie

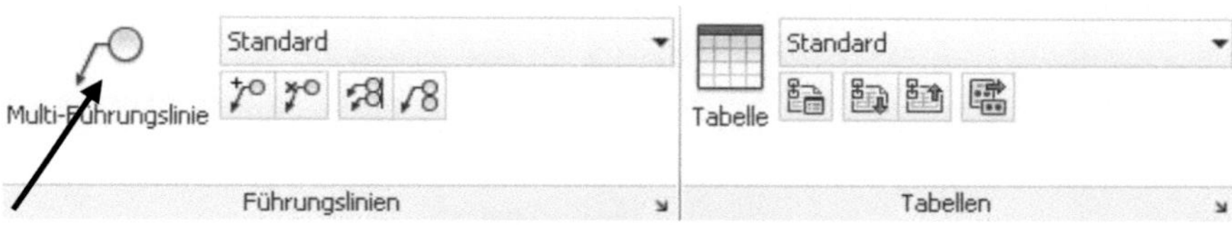

Abb. 322 Befehl: Multi-Führungslinie

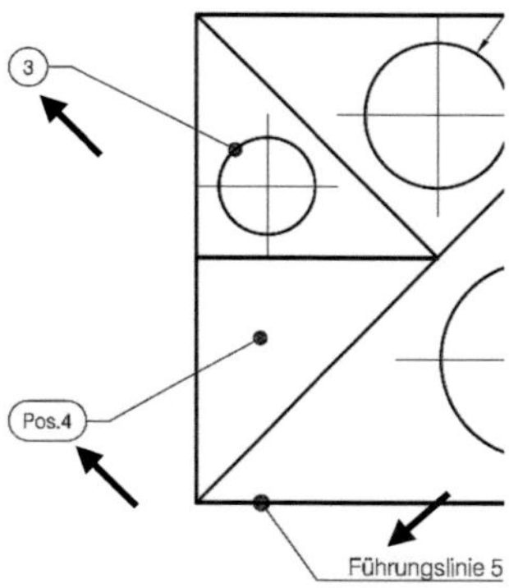

Abb. 323 Positionierte Führungslinie

FUNKTION

- Erstellt eine Multi-Führungslinie

OPTIONEN

- [Führungslinienverlängerung zuerst]: Voreinstellung
- [Inhalt zuerst]: Definierte Voreinstellung
- [Optionen]: Hinweis

5.2.2.2 Weitere Bereiche durch Führungslinien kennzeichnen

Einige Bereiche der Zeichnung wurden bereits durch einen einfachen Textbefehl (Einzelne Zeile) gekennzeichnet. Weitere Bereiche sollen mit Führungslinien markiert werden.

Starten Sie den Befehl ***Multi-Führungslinie*** und erzeugen Sie nacheinander die in Abb. 324 dargestellten Führungslinien.

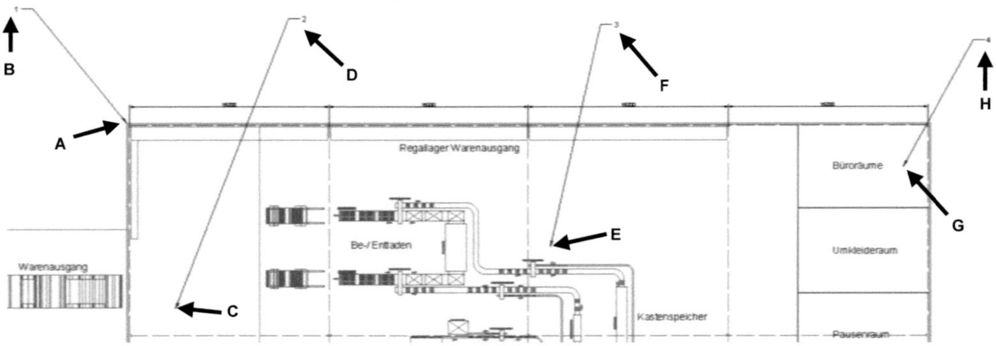

Abb. 324 Bereiche durch Multi-Führungslinien beschriften

- ***Multi-Führungslinie***
- Startpunkt der Linie: A (Abb. 324)
- Textposition: B
- Register ***Texteditor***:
- Texthöhe: [5]
- Text: [1]
- Texteditor schließen

- ***Multi-Führungslinie***
- Startpunkt der Linie: C
- Textposition: D
- Register ***Texteditor***:
- Texthöhe: [5]
- Text: [2]
- Texteditor schließen

- ***Multi-Führungslinie***
- Startpunkt der Linie: E
- Textposition: F
- Register ***Texteditor***:
- Texthöhe: [5]
- Text: [3]
- Texteditor schließen

- ***Multi-Führungslinie***
- Startpunkt der Linie: G
- Textposition: H
- Register ***Texteditor***:
- Texthöhe: [5]
- Text: [4]
- Texteditor schließen

5.2.2.3 Befehlsgrundlagen: Ausrichten

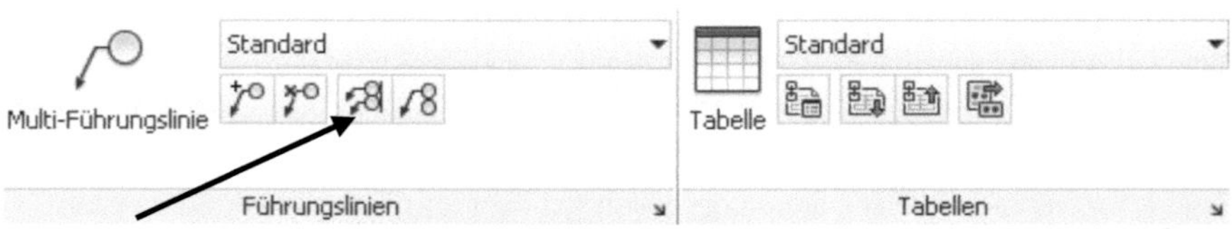

Abb. 325 Befehl: Ausrichten

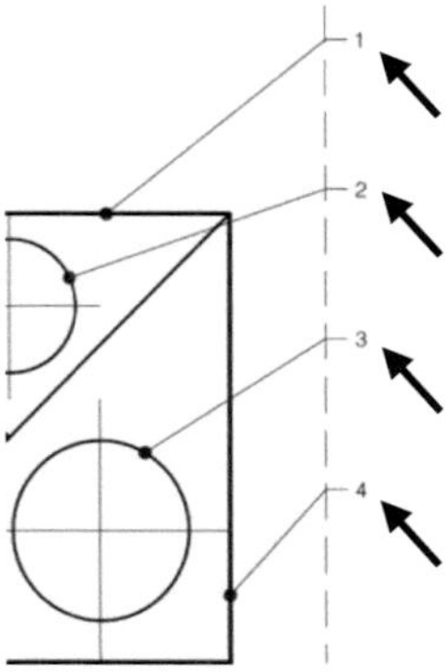

Abb. 326 Führungslinien (ausgerichtet)

FUNKTION

- Richtet mehrere Führungslinien aneinander aus

OPTIONEN

- [Verteilen]: Gleichmäßiges Verteilen zwischen zwei Punkten (Eingabeaufforderung)
- [Führungsliniensegmente parallel machen]: Ausrichten nach einer gewählten Führungslinie
- [Abstand angeben]: Abstand zwischen Text und Führungslinien definieren
- [Aktuellen Abstand verwenden]: Angabe im Dialogbereich

5.2.2.4 Führungslinien horizontal ausrichten

Die Führungslinien sollen im folgenden Schritt aneinander ausgerichtet werden. Starten Sie den Befehl ***Ausrichten*** und orientieren Sie sich an Abb. 327.

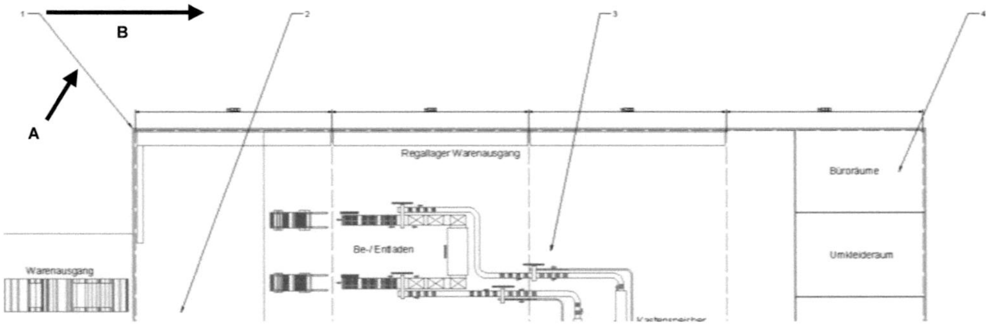

Abb. 327 Führungslinien ausrichten

- ***Ausrichten***
- Alle vier Führungslinien markieren
- [Enter]
- 1. Führungslinie wählen (Abb. 327 A)
- ***Ortho-Modus*** aktivieren
- Maus nach rechts ziehen (Abb. 327 B)
- Zielpunkt mit linker Maustaste an beliebiger Position ablegen

5.2.2.5 Befehlsgrundlagen: Führungslinie hinzufügen

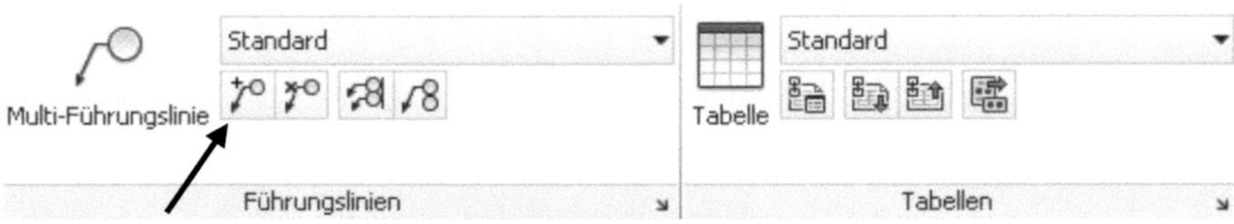

Abb. 328 Befehl: Führungslinie hinzufügen

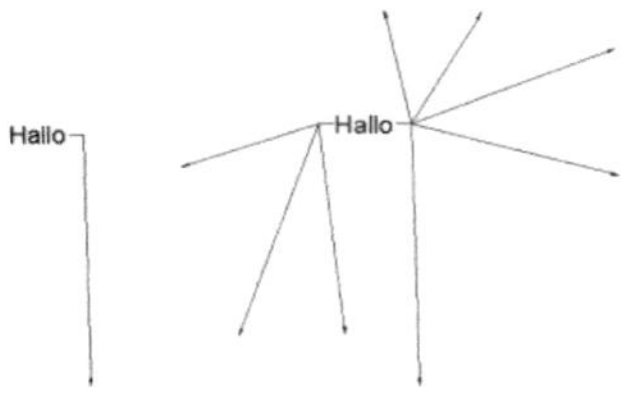

Abb. 329 (L) Einfache Führungslinie; (R) Führungslinie wurde erweitert

FUNKTION

- Weitere Führungslinie(n) einer vorhandenen Führungslinie hinzufügen

5.2.2.6 Erweitern einer vorhandenen Führungslinie

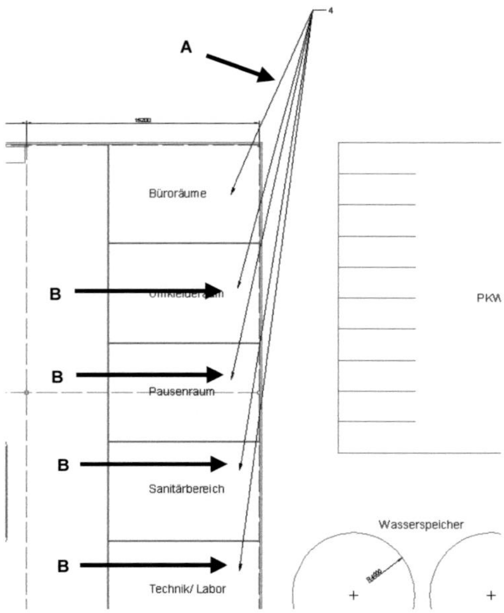

Abb. 330 Führungslinie erweitern

Führungslinien werden standardmäßig aus einer Linie erzeugt und können anschließend um weitere Linien erweitert werden. Im folgenden Beispiel soll die Führungslinie [4] (Abb, 330 A) um vier Linien erweitert werden. Starten Sie den Befehl ***Führungslinie hinzufügen*** und orientieren Sie sich an Abb. 330.

- ***Führungslinie hinzufügen***
- Führungslinie A wählen (Abb. 330)
- Vier Zielpunkte (B) ablegen
- [Esc]

HINWEIS: Erweiterte Führungslinien können mittels des Befehls ***Führungslinie löschen*** wieder entfernt werden.

5.2.3 Befehlsgruppe: TABELLEN

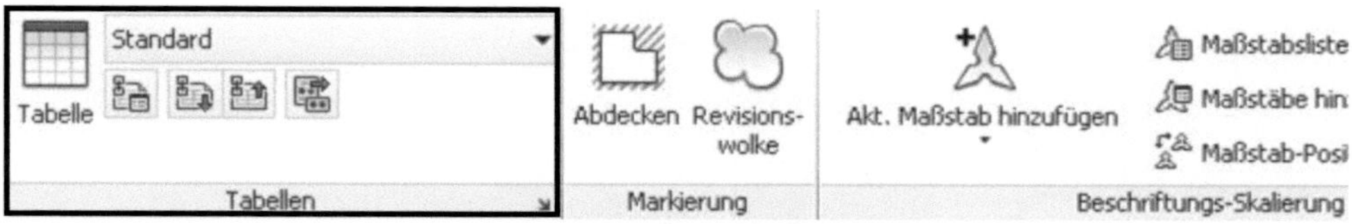

Abb. 331 Befehlsgruppe: Tabellen

Hiermit können leere Tabellen erzeugt und beschriftet oder ein Datenaustausch mit einer externen Datenquelle (Tabellendatei) hergestellt werden.

5.2.3.1 Befehlsgrundlagen: Tabelle

Abb. 332 Befehl: Tabelle

FUNKTION

- Erstellt eine leere Tabelle

OPTIONEN

- [Tabellenstil]: Das ist die gespeicherte Festlegung der Zellenformatierung
- [Einfügeoptionen]: Bestimmung der Tabellenquelle
- [Einfügeverhalten]: Platzierungsfestlegung
- [Spalten- und Zeileneinstellungen]: Größe und Anzahl der Zellen vordefinieren
- [Zellenstile festlegen]: Grundeinstellung der Zellen

5.2.3.2 Einfügen einer tabellarischen Legende

Die Positionsnummern der Führungslinien (1-4) benötigen eine Legende, welche die Nummerierungen der Zeichnung erläutert. Starten Sie den Befehl ***Tabelle*** und erzeugen Sie eine Tabelle mit zwei Spalten (Spaltenbreite: 85 mm) und neun Zeilen (Zeilenhöhe: 1 Zeile).

Der Inhalt der Tabelle soll im Anschluss ergänzt werden. Orientieren Sie sich an Abb. 333.

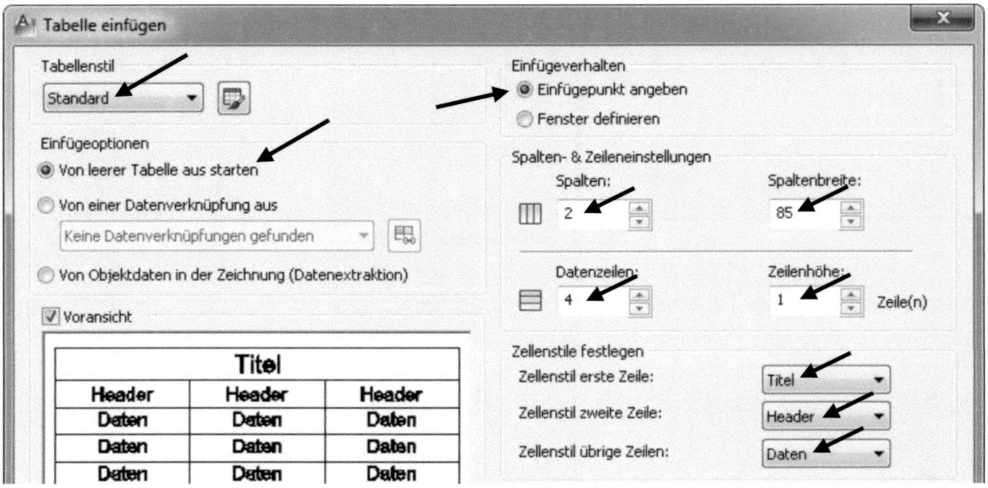

Abb. 333 Tabelle (leer) einfügen

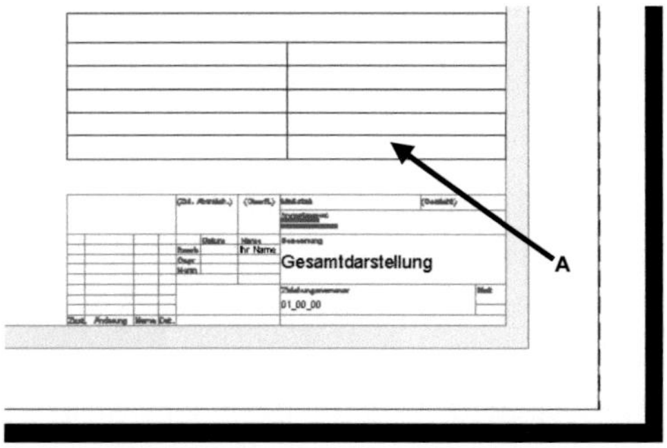

Abb. 334 Tabelle platzieren

- ***Tabelle***
- Werte und Einstellungen aus Abb. 333 übernehmen
- OK

Platzieren Sie die Tabelle anschließend oberhalb des Zeichnungsschriftfeldes (Abb. 334 A) und beenden Sie die Bearbeitung mit [Esc] > [Esc].

HINWEIS: Verwenden Sie den Befehl ***Verschieben*** (Register ***Start*** > Befehlsgruppe ***Einfügen***), um die Tabelle bündig oberhalb des Zeichnungsschriftfeldes anzuordnen.

5.2.3.3 Tabelle formatieren und mit Textinhalten füllen

A

	A	B
1	Legende	
2		
3	1	Fabrikhalle
4	2	Warenein/ -ausgang
5	3	Produktionslinie
6	4	Sozialtrakt

Abb. 335 Tabelle mit Textinhalten

Doppelklicken Sie den in Abb. 335 ***A*** markierten Innenbereich der ersten Tabellenzelle, um das Register ***Texteditor*** zu öffnen und tragen Sie hier die Bezeichnung [Legende] ein.

- ZEICHNUNG & BESCHRIFTUNG > Register: BESCHRIFTEN-

Abb. 336 Ausrichtung: Mitte-Zentrum

Wiederholen Sie dieses Vorgehen und übernehmen Sie die restlichen Werte aus Abb. 335. Richten Sie die Position jeder Zelle mit der Ausrichtung ***Mitte-Zentrum*** (Abb. 336) aus und beenden Sie die Bearbeitung der Tabelle anschließend mit ***Texteditor schließen***.

> ***HINWEIS***: Zwischen den einzelnen Zellen können Sie (während der Bearbeitung) mit den Pfeiltasten Ihrer Tastatur wechseln.

5.2.3.4 Drucken der Zeichnung im PDF-Format

Abb. 337 Befehl: Plot

Starten Sie den Befehl ***Plot***. Prüfen Sie noch einmal die korrekten Einstellungen der Seiteneinrichtung. Als Plotter ist der PDF-Drucker ***DWG To PDF.pc3*** zu verwenden. Dieser wird aus dem Layout eine PDF-Datei erzeugen. Prüfen Sie vorab das korrekte Druckbild über die [Vorschau...] ***Vorschau*** und starten Sie anschließend den Druckbefehl.

- ***Plot***
- Korrekte Einstellungen prüfen
- [Vorschau...] Vorschau
- [OK]
- Dateiname: [00-00-Gesamt-Blatt1-A0]
- Dateityp: *.pdf
- Speicherort: Projektordner wählen
- [Speichern]

Kontrollieren Sie anschließend die PDF-Datei. Sollten Sie an Ihrem PC einen eigenen (Papier-) Drucker angeschlossen haben, starten Sie den Befehl ***Plot*** erneut. Suchen Sie aus der Liste (***Drucker/ Plotter*** > ***Name***) Ihren Drucker heraus und passen Sie die Druckgröße der Zeichnung (***Drucker/ Plotter*** > ***Eigenschaften***) an diesen Drucker an.

Das Übungsprojekt ***Fabrikplanung*** wurde mit der letzten Übung für den 2D-Bereich fertiggestellt, der 2D-Bereich soll damit verlassen werden.

Speichern und schließen Sie die Zeichnung abschließend.

6 Fabrikplanung im 3D-Bereich

6.1 Erste Schritte im Bereich 3D-GRUNDLAGEN

6.1.1 Erstellen einer neuen 3D-Gesamtzeichnung

Nachdem die Fabrik im 2D-Bereich erzeugt wurde, soll das Planungsbeispiel im 3D-Bereich einen besseren räumlichen Einblick in die Platzverhältnisse der Fabrik bringen. Erzeugen Sie hierfür eine neue Datei und speichern Sie diese als ***00_00_Gesamt-3D.dwg*** ab.

- > acadiso.dwt > Öffnen
- ***Speichern unter***
- Ihren Projektordner wählen
- Dateiname: [00_00_Gesamt-3D]
- Dateityp: *.dwg
- OK

6.1.2 Der Arbeitsbereich: 3D-GRUNDLAGEN

Abb. 338 Arbeitsbereich: 3D-Grundlagen

Verlassen Sie den aktuellen 2D-Arbeitsbereich (Zeichnung & Beschriftung) und wechseln Sie in den Bereich ***3D-Grundlagen*** (Abb. 338). Die Register in diesem Arbeitsbereich sind:

- Start
- Rendern
- Einfügen
- Verwalten
- Ausgabe
- Plugins

Die letzten vier Register sind identisch mit denen aus dem 2D-Arbeitsbereich.

6.1.2.1 Basiszeichnung für Maschinen der Produktionslinie einfügen

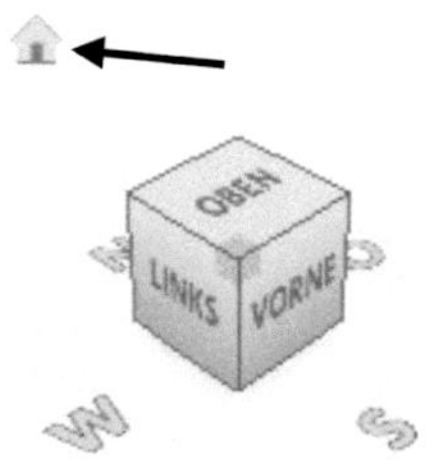

Abb. 339 Isometrische Ansicht am ViewCube aktivieren

Als Grundlage für die 3D-Planung soll eine bereits vorgefertigte Zeichnung mit vereinfachten 2D-Objekten dienen. Wechseln Sie ins Register ***Einfügen*** und importieren Sie die Zeichnung ***01_00_Produktionslinie_Maschinen-3D.dwg*** als Block. Wechseln Sie anschließend die Ansicht auf eine isometrische Ansicht, indem Sie auf das kleine ***Haus-Symbol*** am ***ViewCube*** klicken (Abb. 339).

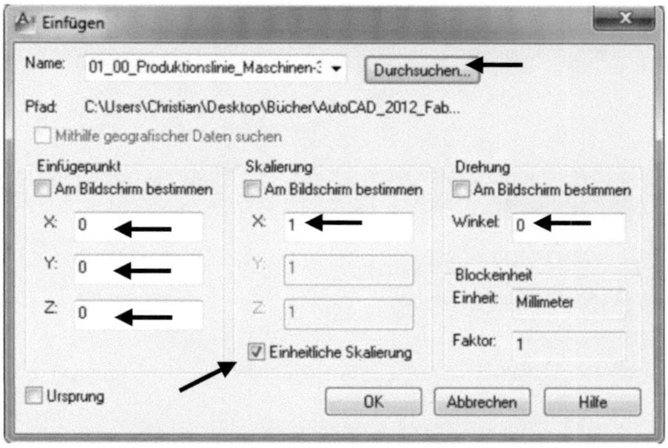

Abb. 340 Block: 01_00_Produktionslinie_Maschinen-3D einfügen

- ***Einfügen*** (Block)
- Durchsuchen...
- (Projektordner)
- Dateiname: [01_00_Produktionslinie_ Maschinen-3D.dwg]
- Werte und Einstellungen aus Abb. 340 übernehmen
- OK

6.1.2.2 Layer: Maschinen

Abb. 341 Befehl: Layereigenschaften

Erzeugen Sie einen weiteren Layer ***3D-Maschinen***. Den notwendigen Befehl ***Layereigenschaften-Manager*** finden Sie im Register ***Start*** und dort in der Befehlsgruppe ***Layer & Ansicht*** (Abb. 341).

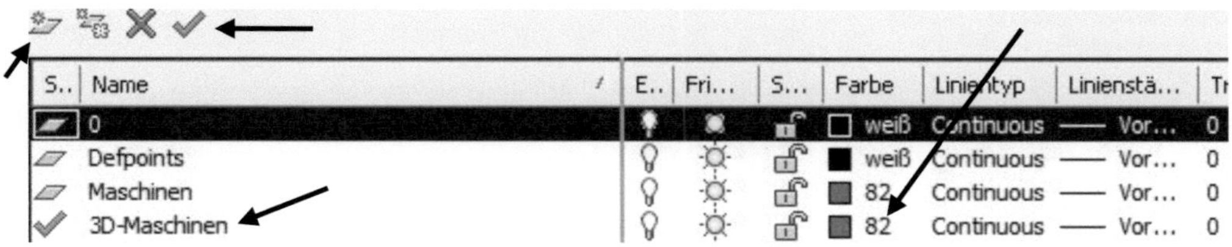

Abb. 342 Layer: 3D-Maschinen

- ***Layereigenschaften-Manager***
- Neuer Layer
- Name: [3D-Maschinen]
- Farbe: [82]
- Layer ✔ aktivieren
- Layereigenschaften schließen

6.2 3D-GRUNDLAGEN > Register: START
6.2.1 Befehlsgruppe: ERSTELLEN

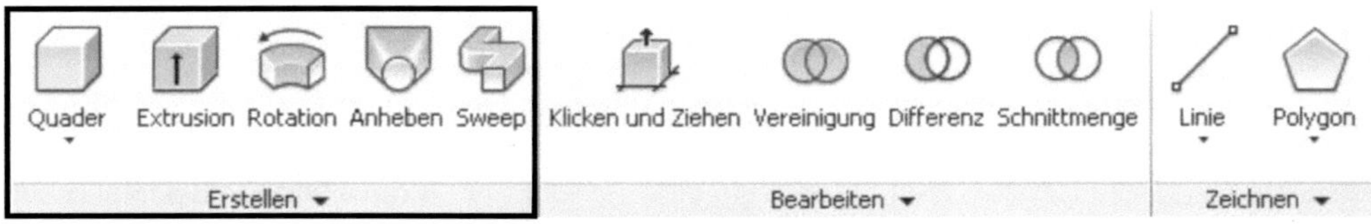

Abb. 343 Befehlsgruppe: Erstellen

Diese Befehlsgruppe enthält verschiedene Befehle zur Erzeugung von geometrischen Objekten im 3D-Bereich (Flächen- und Volumenkörper).

6.2.1.1 Befehlsgrundlagen: Quader

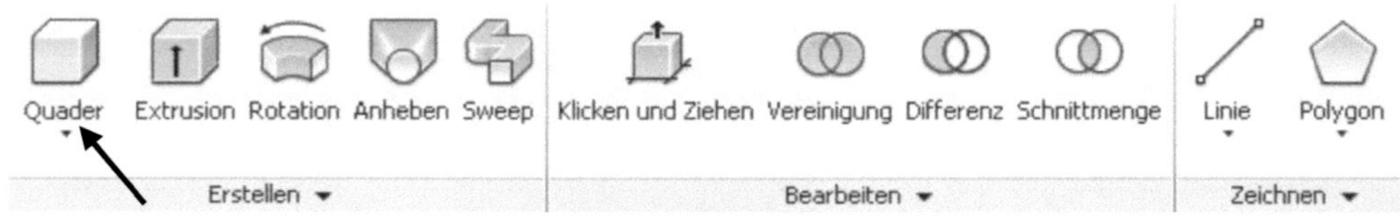

Abb. 344 Befehl: Quader

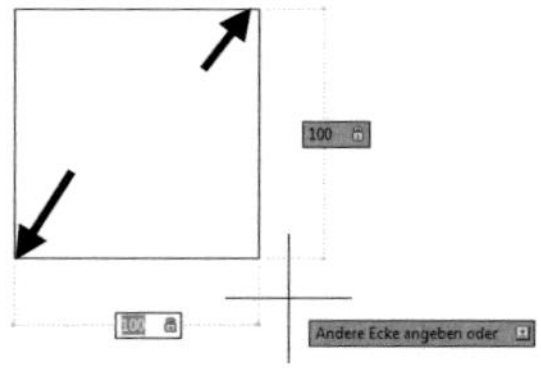

Abb. 345 Zwei Punkte für Basis (2D-Rechteck) wählen

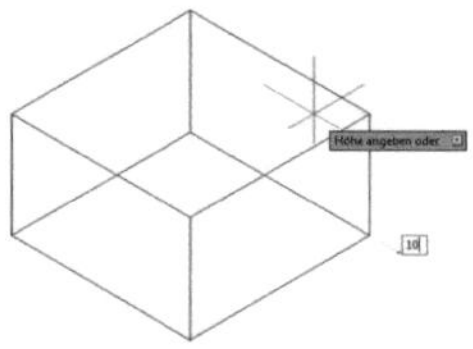

Abb. 346 Höhe angeben

FUNKTION

- Erzeugt ein Rechteck und extrudiert dieses als Volumenkörper

OPTIONEN

- [Mittelpunkt]: Mittelpunkt der Basisgeometrie
- [Würfel]: Erzeugt einen Würfel
- [Länge]: Erzeugt einen Quader
- [2Punkt]: Höhe gleich Abstand zweier Punkte

6.2.1.2 Erste Maschine als Quader erzeugen

Alle Maschinen sind in der importierten Zeichnung bereis als 2D-Objekte vorhanden und sollen als Grundlage zur Erstellung der 3D-Objekte dienen. Starten Sie den Befehl ***Quader*** und erzeugen Sie die 3D-Maschine ***Kästen auf Paletten heben*** (Abb. 347).

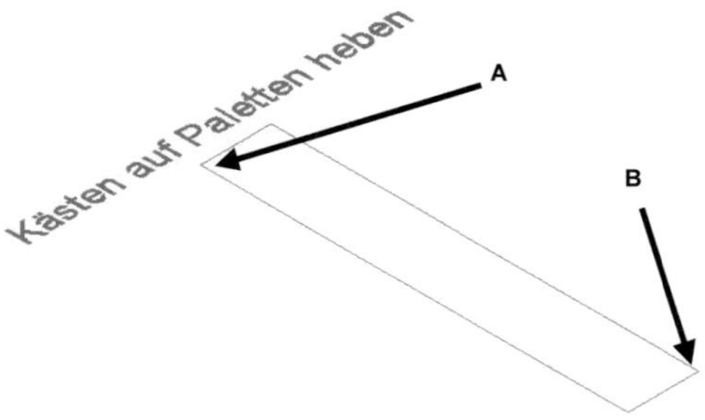

Abb. 347 Basis-Rechteck über zwei Punkte definieren)

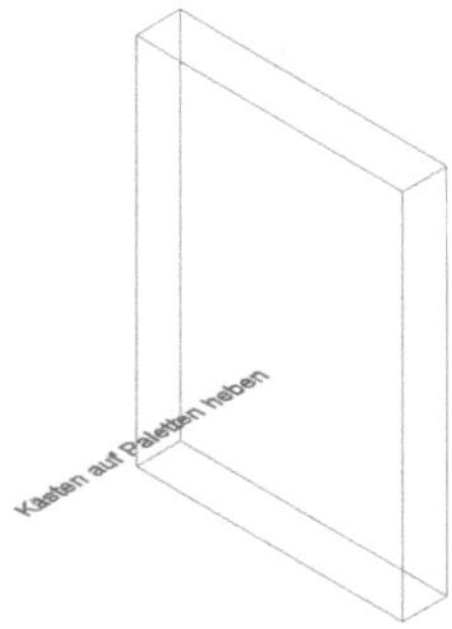

Abb. 348 Rechteck extrudieren

- ***Quader***
- Startpunkt Rechteck (Abb. 347 A)
- Endpunkt Rechteck setzen (Abb. 347 B)
- Maus etwas nach oben ziehen
- Wert für Höhe eingeben: [2500]
- [Enter]

> ***HINWEIS***: Ein freies Drehen der Bildschirmansicht ist bei gedrückter linker Maustaste auf dem ***ViewCube*** oder mit der Kombination der Taste [Shift] und gedrückter mittlerer Maustaste möglich.

6.2.1.3 Weitere Maschinen als Quader darstellen

Wiederholen Sie den Befehl ***Quader*** für die folgenden Maschinen und mit den angegebenen Höhen (Abb. 349).

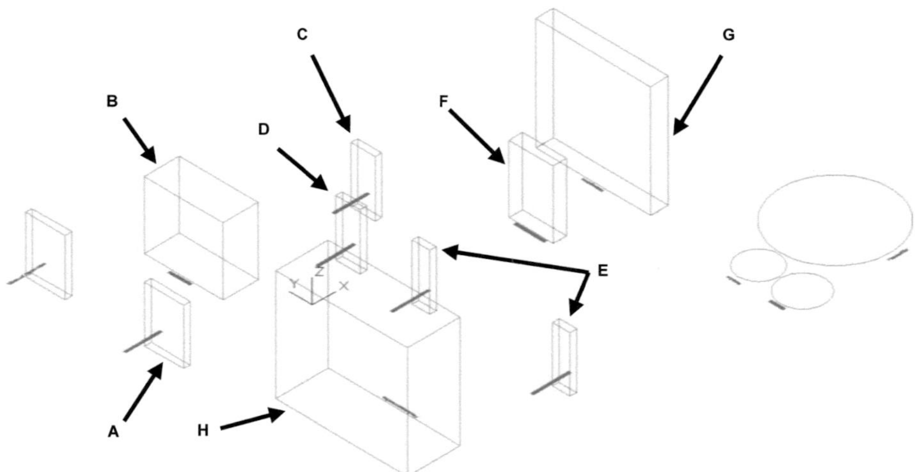

Abb. 349 3D-Maschinen mit Befehl: Quader erzeugen

Maschinenbezeichnung	**Wert für Höhenangabe**
• Kästen von Paletten heben (Abb. 349 A)	[2500]
• Palettenspeicher (Abb. 349 B)	[3000]
• Flaschen in Kästen heben (Abb. 349 C)	[2500]
• Flaschen aus Kästen heben (Abb. 349 D)	[2500]
• Flaschenkontrolle/ Selektion (Abb. 349 E - 2x)	[2500]
• Kastenwaschmaschine (Abb. 349 F)	[3000]
• Kastenspeicher (Abb. 349 G)	[5000]
• Flaschenwaschmaschine (Abb. 349 H)	[5000]

HINWEIS: Achten Sie bei der Auswahl der Punkte für das Basisrechteck darauf, zwei diagonal gegenüberliegende Punkte zu wählen. Ziehen Sie die Maus etwas nach oben, um vor der Werteingabe der Extrusionshöhe so die Richtung der Extrusion anzugeben.

6.2.1.4 Befehlsgrundlagen: Zylinder

Abb. 350 Befehl: Zylinder

Abb. 351 Mittelpunkt für Basis wählen

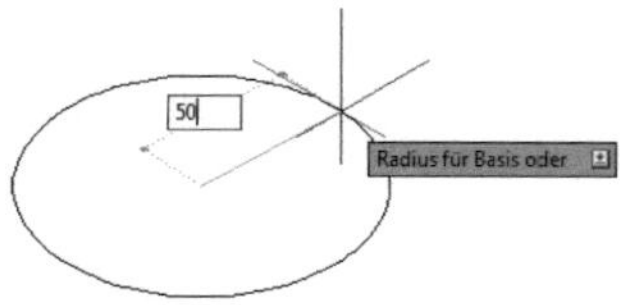

Abb. 352 Radius eingeben

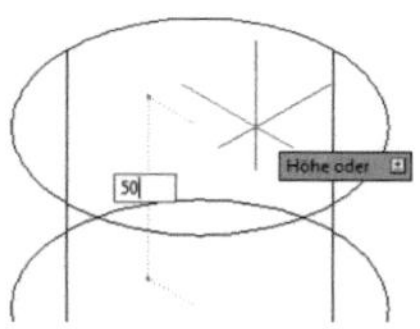

Abb. 353 Extrusionshöhe wählen

FUNKTION

- Erzeugt eine(n) Kreis/ Ellipse und extrudiert diese(n) als Volumenkörper

OPTIONEN

- [3P]: Kreis durch drei Punkte
- [2P]: Kreis durch zwei Punkte
- [Ttr]: Kreis durch drei Tangenten
- [Elliptisch]: Erzeugen einer Ellipse
- [Durchmesser]: Durchmesser- statt Radiusangabe
- [2Punkt]: Höhe gleich Abstand zweier Punkte
- [Achsenendpunkt]: Höhe bis Endpunkt

6.2.1.5 Maschinen als Zylinder darstellen

Die Maschine, welche das Quellwasser in die Flaschen füllt, wird als Flaschenfüller bezeichnet und soll durch einen Zylinder dargestellt werden. Verwenden Sie den in Abb. 354 mit ***A*** markierten Kreismittelpunkt (in der Vorlage als Flaschenfüller gekennzeichnet) als Mittelpunkt des Basiskreises, welcher anschließend extrudiert wird (Abb. 355).

> ***HINWEIS***: Im 3D-Modus ist der Mittelpunkt eines Kreises manchmal schlecht zu erfassen. Wenn Sie mit dem Mauspfeil vorher noch einmal über den Kreis selbst fahren und anschließend auf den Mittelpunkt des Kreises, sollte sich das verbessern.

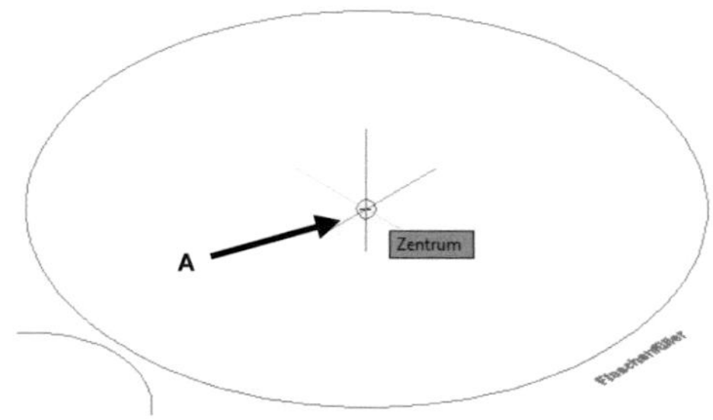

Abb. 354 Kreismittelpunkt wählen (Zentrum)

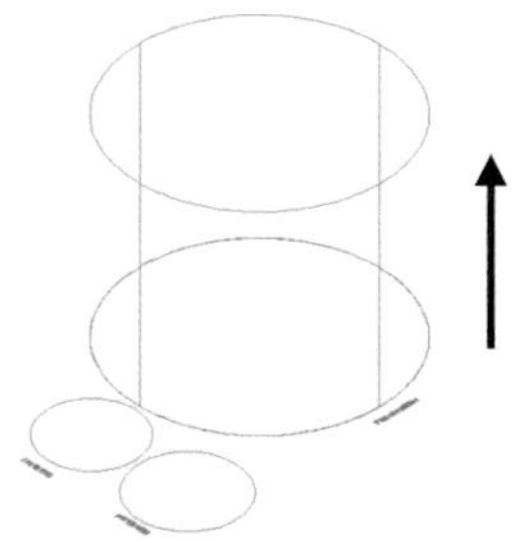

Abb. 355 Zylinder extrudieren

- ***Zylinder***
- Kreismittelpunkt wählen (Abb. 354 A)
- Wert für Radius eingeben: [2500]
- [Enter]
- Maus etwas nach oben ziehen
- Wert für Höhe eingeben: [4000]
- [Enter]

Die beiden Maschinen ***Etikettierer*** und ***Schließer*** sollen ebenfalls als Zylinder erstellt werden. Verwenden Sie die folgenden Radien- und Höhenangaben:

Maschinenbezeichnung	**Wert für Radiusangabe**	**Wert für Höhenangabe**
• Etikettierer	[1000]	[2500]
• Schließer	[900]	[2500]

> ***HINWEIS***: Etikettierer, Schließer und Füller sind eine Maschineneinheit, da Sie funktional direkt ineinandergreifen. Dargestellt werden sie schematisch durch drei Kreise mit den Durchmessern 1000, 900 und 2500 mm (Abb. 355).

6.2.1.6 Befehlsgrundlagen: Kegel

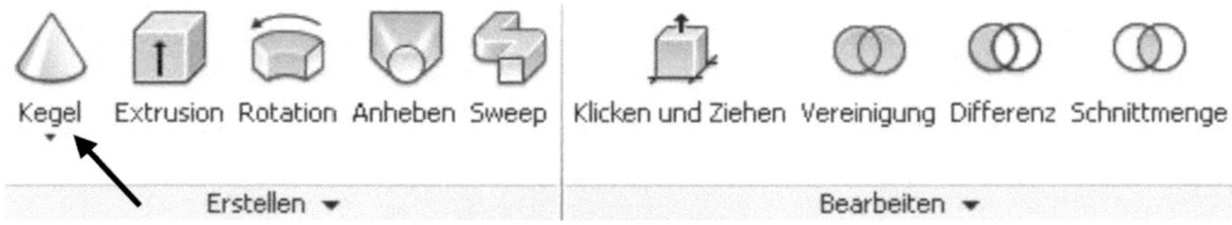

Abb. 356 Befehl: Kegel

Abb. 357 Mittelpunkt für Basis wählen

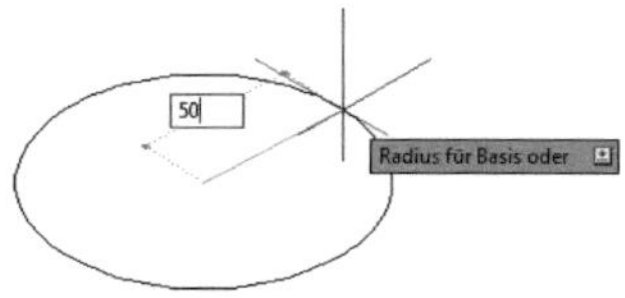

Abb. 358 Radius eingeben

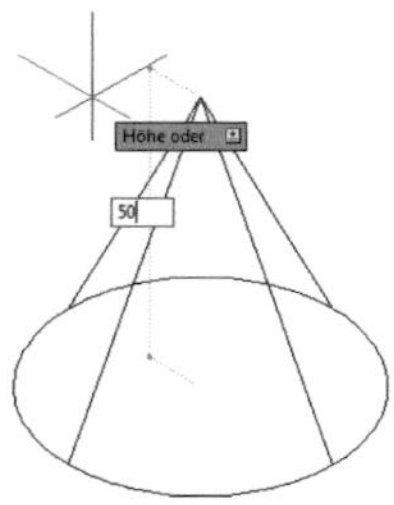

Abb. 359 Höhe wählen

FUNKTION

- Erzeugt einen Kegel aus einem Kreis oder einer Ellipse als Volumenkörper

OPTIONEN

- [3P]: Basis durch drei Punkte
- [2P]: Basis durch zwei Punkte
- [Ttr]: Basis durch zwei Tangenten
- [Elliptisch]: Erzeugen einer Ellipse
- [Durchmesser]: Durchmesser- statt Radiusangabe
- [2Punkt]: Höhe gleich Abstand zweier Punkte
- [Achsenendpunkt]: Höhe bis Endpunkt
- [Oberen Radius]: Kegel wird oben abgerundet

6.2.1.7 Flaschenfüller mit kegeligem Dach ergänzen

Auf die obere Fläche des Flaschenfüllers soll ein kegeliger Aufsatz gesetzt werden. Starten Sie den Befehl ***Kegel***, wählen Sie für den Mittelpunkt des Basiskreises den in Abb. 360 mit ***A*** markierten Kreismittelpunkt der oberen Zylinderfläche des Flaschenfüllers und geben Sie anschließend die Höhe des Kegels vor.

- Kegel
- Kreismittelpunkt wählen (Abb. 360 A)
- Wert für Radius: [2500]
- [Enter]
- Maus etwas nach oben ziehen
- Wert für Höhe: [500]
- [Enter]

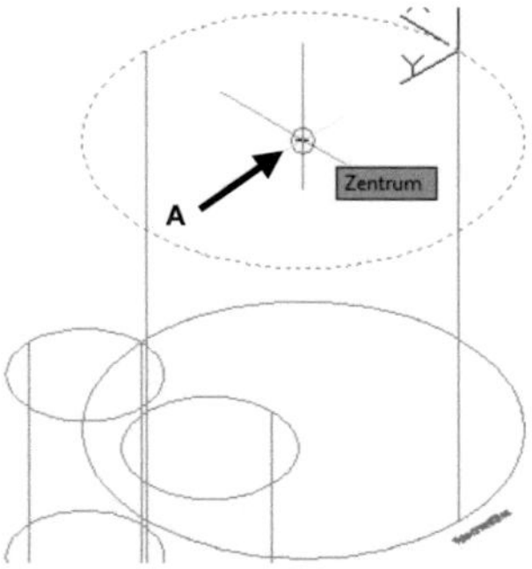

Abb. 360 Mittelpunkt auf oberer Kreisfläche wählen

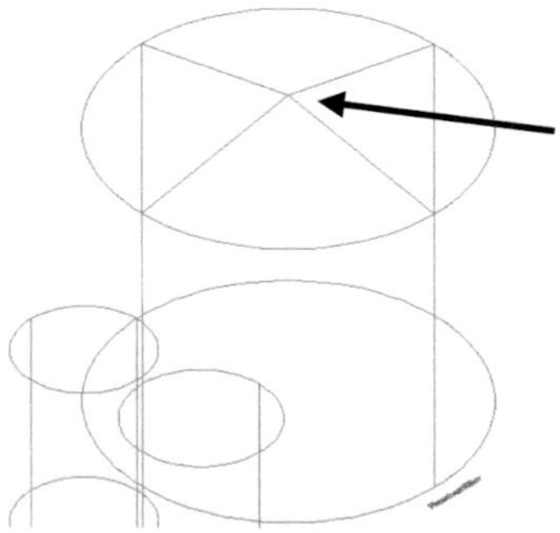

Abb. 361 Pyramide wurde erzeugt

6.2.1.8 Befehlsgrundlagen: Kugel

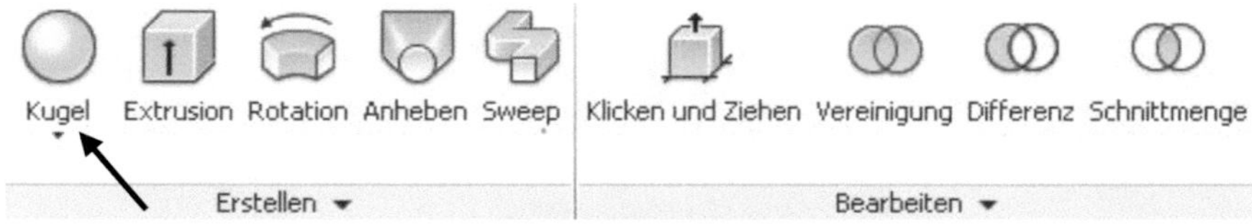

Abb. 362 Befehl: Kugel

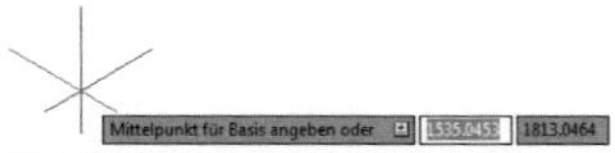

Abb. 363 Mittelpunkt für Basis wählen

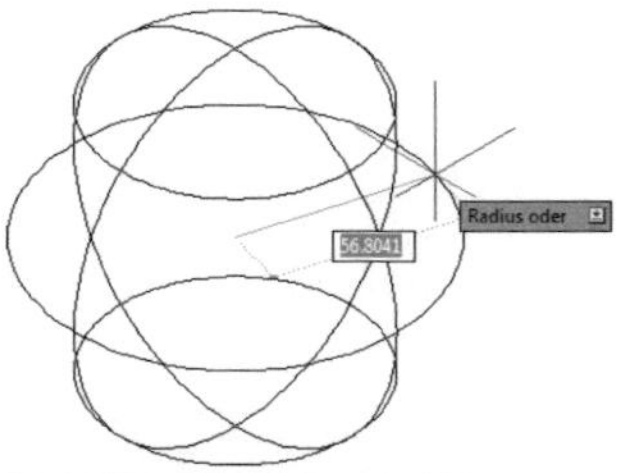

Abb. 364 Radius der Kugel wählen

FUNKTION

- Erzeugt eine Kugel

OPTIONEN

- [3P]: Kugel durch drei Punkte
- [2P]: Kugel durch zwei Punkte
- [Ttr]: Kugel durch zwei Tangenten
- [Durchmesser]: Durchmesser- statt Radiusangabe

6.2.1.9 Schließer und Etikettierer durch Kugeln ergänzen

Schließer und Etikettierer sollen auf der oberen Seite mit einer Kugel abgerundet werden. Die Vorgehensweise ist identisch wie beim Aufsetzen des Kegels auf den Flaschenfüller. Orientieren Sie sich an den Abbildungen 365 und 366.

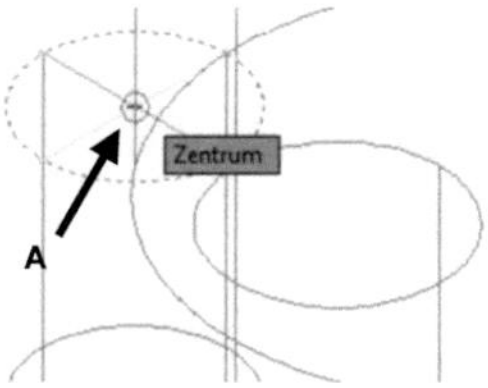

Abb. 365 Kreismittelpunkt auf oberer Kreisfläche des Schließers wählen

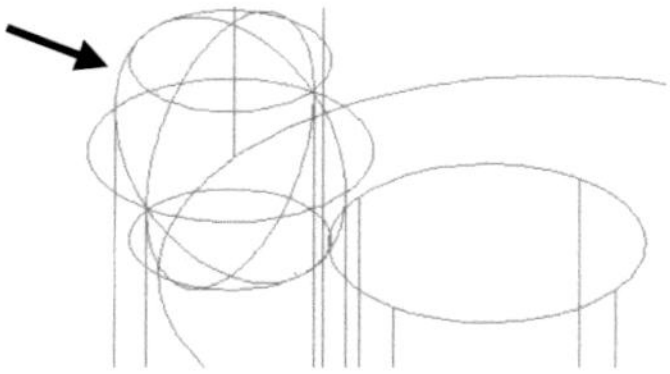

Abb. 366 Kugel wurde erzeugt

- ***Kugel***
- Kreismittelpunkt A des Schließers wählen (Abb. 365)
- Kugelradius: [900]
- [Enter]

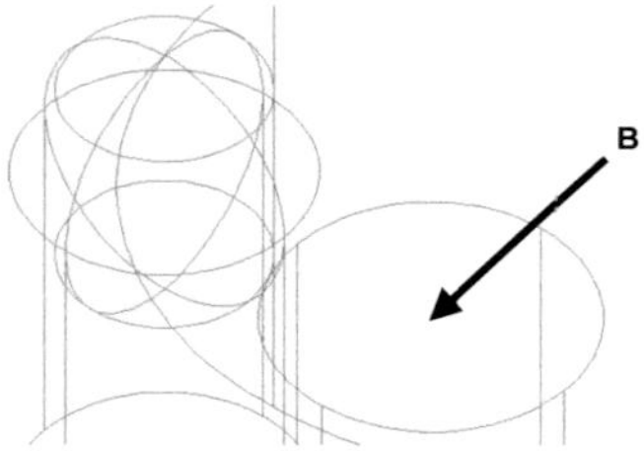

Abb. 367 Kreismittelpunkt auf oberer Kreisfläche des Etikettierers wählen

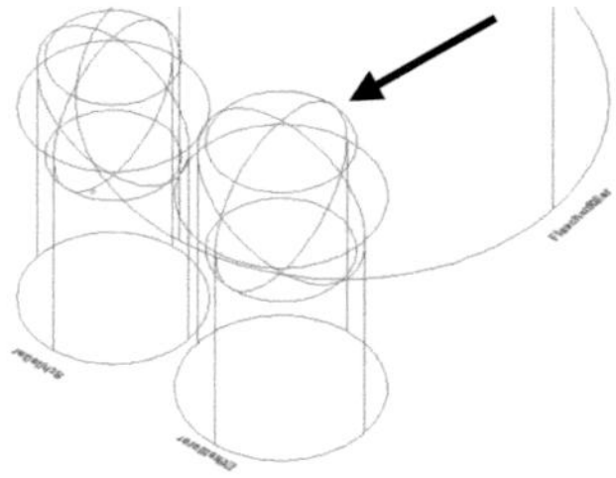

Abb. 368 Kugel wurde erzeugt

- ***Kugel***
- Kreismittelpunkt B des Etikettierers wählen (Abb. 367)
- Kugelradius: [1000]
- [Enter]

6.2.2 Befehlsgruppe: ÄNDERN

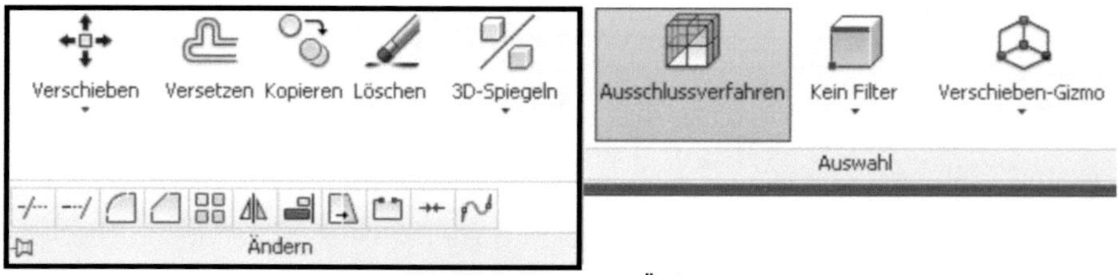

Abb. 369 Befehlsgruppe: Ändern

Sie enthält Befehle zur Bearbeitung von bereits erzeugten 3D-Objekten. Die Befehlsgruppe kann erweitert werden, indem sie nach unten aufgeklappt wird. Viele der Befehle sind in abgewandelter Form bereits aus dem 2D-Arbeitsbereich bekannt.

6.2.2.1 Befehlsgrundlagen: Abrunden

Abb. 370 Befehl: Abrunden

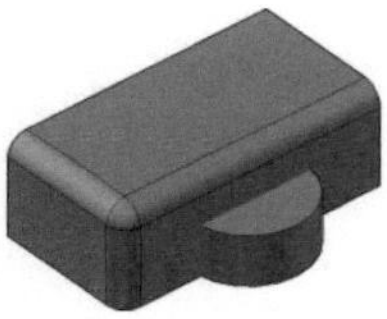

Abb. 371 Abgerundete Kanten

FUNKTION

- Erzeugt Rundungen an Volumenkörperkanten

OPTIONEN

- [Kette]: Mehrere Kanten wählen
- [Radius]: Rundungsradius wählen

6.2.2.2 Abrunden einiger Maschinenkanten

Beim 3D-Rundungsbefehl wird nicht die Ecke zweier sich schneidender Linien, sondern die Kante zweier sich schneidender Flächen gerundet. In der folgenden Übung sollen die vier Kanten der oberen Fläche des Palettenspeichers abgerundet werden. Starten Sie den Befehl ***Abrunden***, verwenden Sie den Modus [Mehrere], um alle vier Kanten zeitgleich runden zu können und wählen Sie die vier in Abb. 372 markierten Kanten der oberen Fläche des Palettenspeichers.

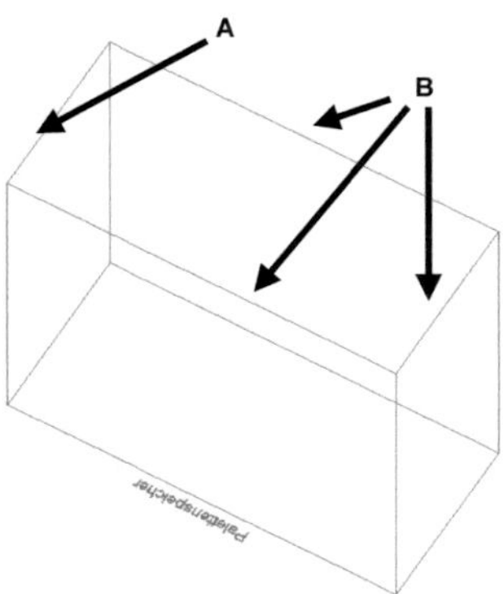

Abb. 372 Kanten wählen

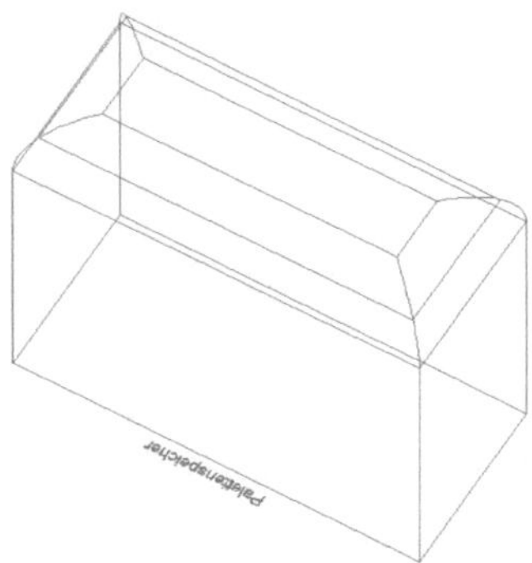

Abb. 373 Objekt wurde abgerundet

- ***Abrunden***
- Kante A wählen (Abb. 372)
- Rundungsradius eingeben: [500]
- [Enter]
- Kanten B wählen (Abb. 372)
- [Enter]

Wiederholen Sie das Abrunden der oberen 4 Kanten bei den folgenden Maschinen und mit den folgenden Werten:

Maschinenbezeichnung	**Wert für Radiusangabe**
• Flaschenwaschmaschine	[500]
• Kastenwaschmaschine	[200]
• Kastenspeicher	[200]

6.2.2.3 Befehlsgrundlagen: Fasen

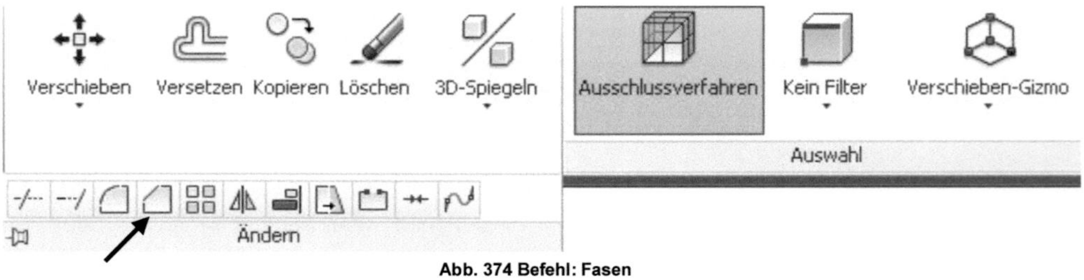

Abb. 374 Befehl: Fasen

Abb. 375 Kanten (gefast)

FUNKTION

- Schrägt Volumenkörperkanten ab

OPTIONEN

- [Kontur]: Fasen aller Kanten einer Fläche
- [Entfernung]: Abstand Fasen- zu Volumenkörperkante

6.2.2.4 Fasen von Maschinenkanten

In der folgenden Übung sollen die vier Kanten der oberen Fläche der Maschine ***Kästen auf Paletten heben*** mit einer Fase versehen werden. Starten Sie den Befehl ***Fasen*** und klicken Sie auf die in Abb. 376 mit ***A*** markierte Kante. Wählen Sie im Auswahlmenü (am Mauspfeil oder im unteren Befehlseingabebereich) die Option [Nächste], bis die in Abb. 376

mit ***B*** markierte Fläche mit einer gestrichelten Linie umrandet wird. Wählen Sie dann die Option [OK], geben Sie nacheinander die Fasenabstände [50] ein (2x) und wählen Sie anschließend die in Abb. 376 mit ***C*** markierten vier Kanten.

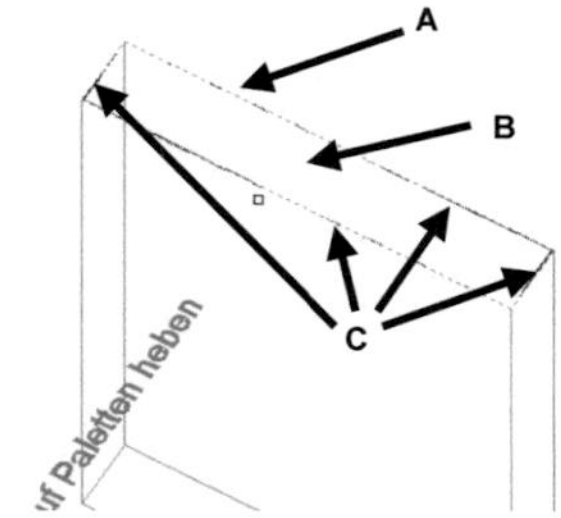

Abb. 376 Kanten wählen

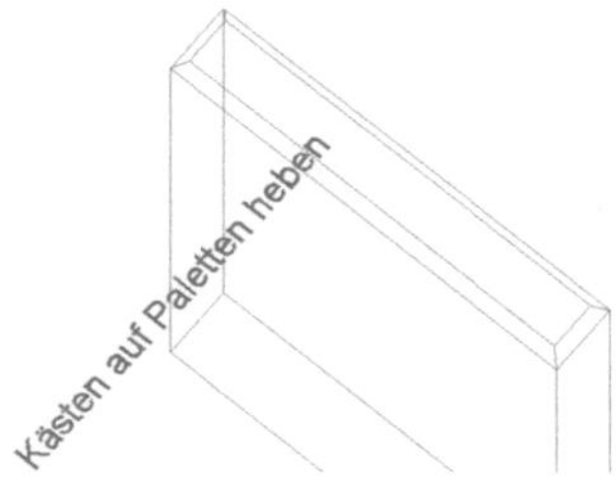

Abb. 377 Objekt gefast

- ***Kante fasen***
- Kante A (Abb. 376) wählen
- Option: [Nächste] bis Fläche B mark. ist
- Option: [OK]
- Abstand1: [50]
- [Enter]
- Abstand2: [50]
- [Enter]
- Kanten C wählen
- [Enter]

Wiederholen Sie das Fasen bei allen restlichen durch den Befehl ***Quader*** erzeugten Maschinen, welche weder Fasen noch Rundungen an der oberen Fläche besitzen. Verwenden Sie auch hier den Abstandswert [50] mm.

6.2.2.5 3D-Transportsystem als Block einfügen

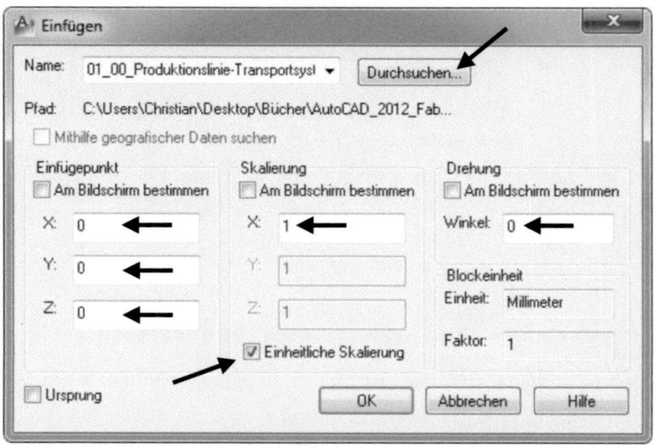

Abb. 378 Block: 01_00_Produktionslinie-Transportsystem-3D importieren

Wechseln Sie zum Register ***Einfügen*** und importieren Sie das Transportsystem der Produktionslinie als Block in die Zeichnung. Die Zeichnung finden Sie im Projektordner. Achten Sie auch hier darauf, den Einfügepunkt der Zeichnung auf den Koordinatenursprung zu beziehen, da dieser bereits auf das Gesamtsystem abgestimmt wurde Abb. 378).

- ***Einfügen***
- Durchsuchen...
- (Projektordner)
- Dateiname: [Block: 01_00_Produktionslinie-Transportsystem-3D.dwg]
- Werte und Einstellungen aus Abb. 378 übernehmen
- OK

6.2.2.6 Ändern des visuellen Stils auf Realistisch

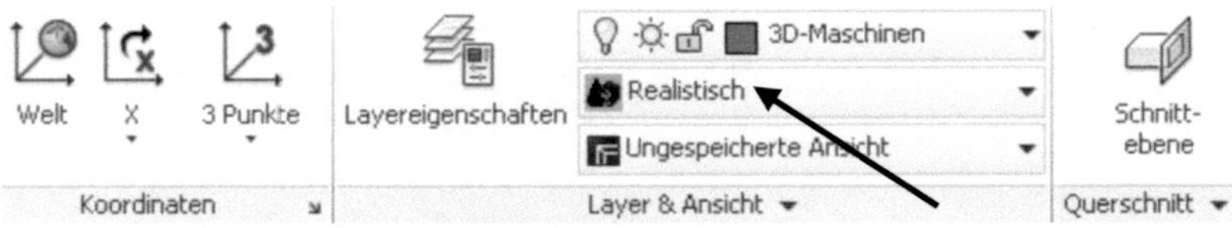

Abb. 379 Befehl: Visueller Stil

Grundlegend sollten Sie sich angewöhnen, wie bisher im visuellen Stil ***2D-Drahtkörper*** zu arbeiten. Dieser Stil entlastet das Programm, Ihren Rechner und ermöglicht ein schnelles und störungsfreies Arbeiten. Eine plastische Darstellung von 3D-Zeichnungen erreichen Sie hiermit allerdings nicht. Wechseln Sie im Register ***Start*** den visuellen Stil auf ***Realistisch*** (Abb. 379). Drehen Sie die Ansicht etwas und betrachten Sie die Produktionslinie von verschiedenen Seiten.

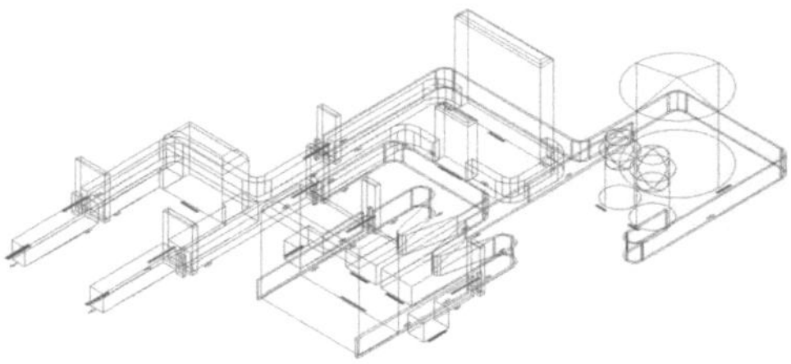

Abb. 380 Visueller Stil: 2D-Drahtkörper

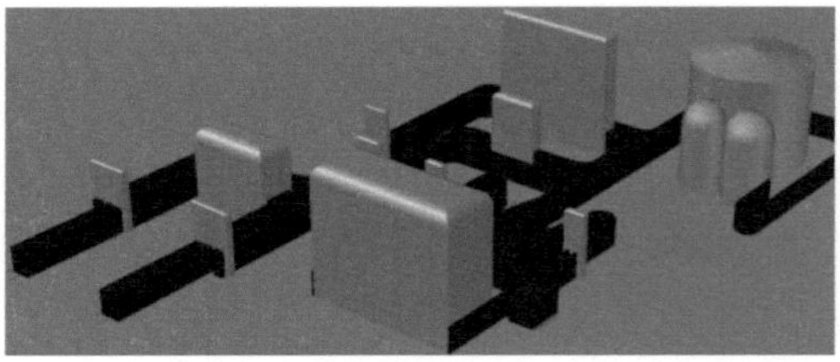

Abb. 381 Visueller Stil: Realistisch

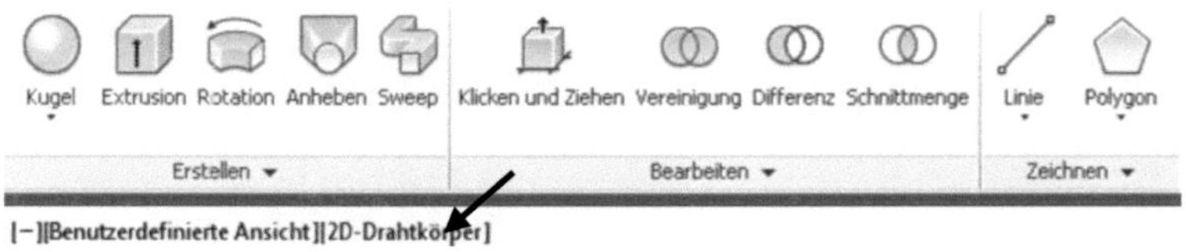

Abb. 382 Schnellauswahl: Visueller Stil

HINWEIS: Eine Schnellauswahl des ***Visuellen Stils*** kann auch direkt aus dem Zeichenfenster heraus erfolgen (Abb. 382).

6.2.2.7 Importieren der Zeichnung: Fabrikhalle

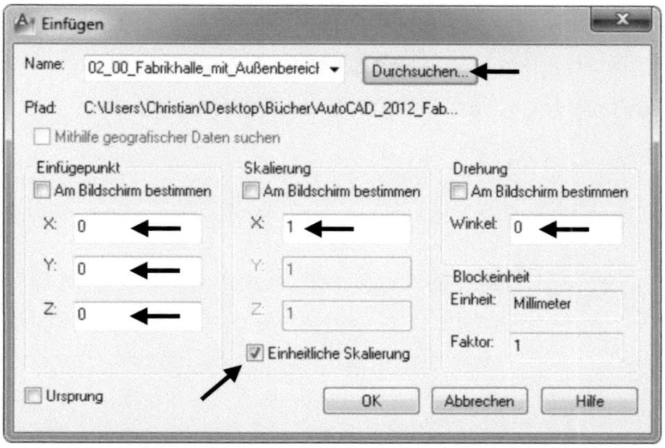

Abb. 383 Block: 02_00_Fabrikhalle_mit_Außenbereich-3D.dwg einfügen

Wechseln Sie zum Register ***Einfügen*** und importieren Sie Fabrikhalle samt Außenbereich als Block in die Zeichnung. Achten Sie auch hier darauf, den Einfügepunkt der Zeichnung auf den Koordinatenursprung zu beziehen, da dieser bereits auf das Gesamtsystem abgestimmt wurde. Zurück im Register ***Start*** aktivieren Sie den visuellen Stil ***2D-Drahtkörper***.

- ***Einfügen***
- Durchsuchen...
- Dateiname: [02_00_Fabrikhalle_mit_Außenbereich-3D.dwg]
- Werte und Einstellungen aus Abb. 383 übernehmen
- OK

- Register ***Start***:
- ***Visueller Stil***: 2D-Drahtkörper

6.2.2.8 Befehlsgrundlagen: Extrusion (BG: ERSTELLEN)

Abb. 384 Befehl: Extrusion

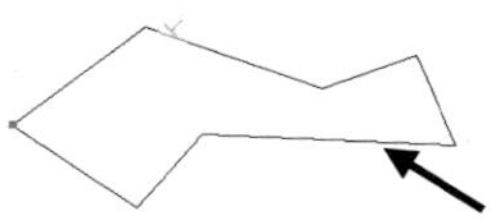

Abb. 385 Objekt wählen

FUNKTION

- Erzeugt einen Volumenkörper durch Extrusion eines (geschlossenen) 2D-Objektes

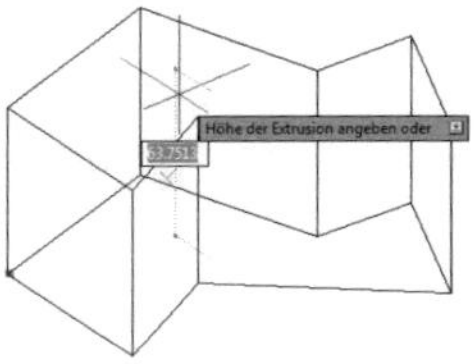
Abb. 386 Extrusionshöhe definieren

OPTIONEN

- [Modus]: Volumenkörper oder Fläche als Objekt
- [Richtung]: Richtung der Extrusion
- [Pfad]: Extrusion entlang eines Richtungspfades

6.2.2.9 Block bearbeiten

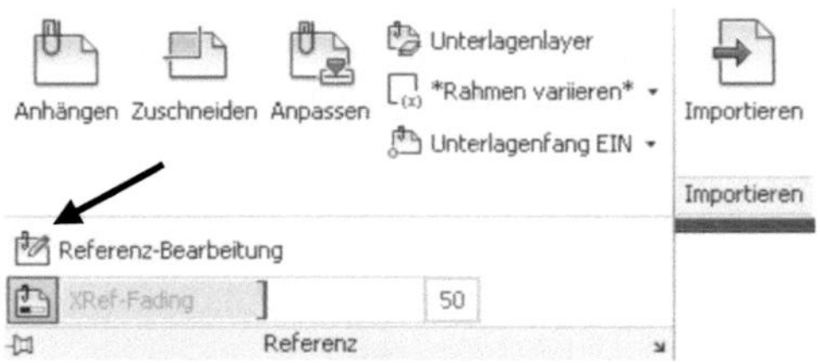

Abb. 387 Befehl: Referenz-Bearbeitung

Um die folgenden Arbeitsschritte ausführen zu können, muss in den Bearbeitungsbereich eines Blocks der Zeichnung gewechselt werden. Erweitern Sie hierfür die Befehlsgruppe ***Referenz*** des Registers ***Einfügen*** und starten Sie dort den Befehl ***Referenz-Bearbeitung*** (Abb. 387).

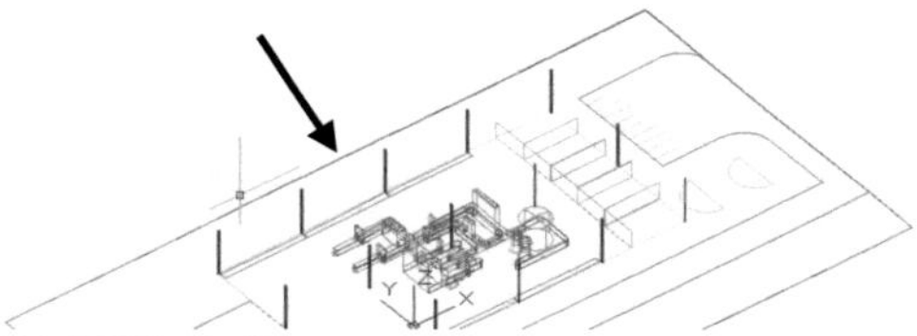
Abb. 388 Block wählen

Wählen Sie anschießend den in Abb. 388 markierten Block ***02_00_Fabrikhalle_mit_Außenbereich.dwg***, um dessen Bearbeitung zu aktivieren. Im Fenster ***Referenz bearbeiten*** (Abb. 389) ist die Option ***Alle eingebetteten Objekte automatisch wählen*** zu aktivieren und das Fenster mit OK zu bestätigen. Das folgende Fenster mit dem Hinweis auf ignorierte Abhängigkeiten kann ebenfalls bestätigt werden.

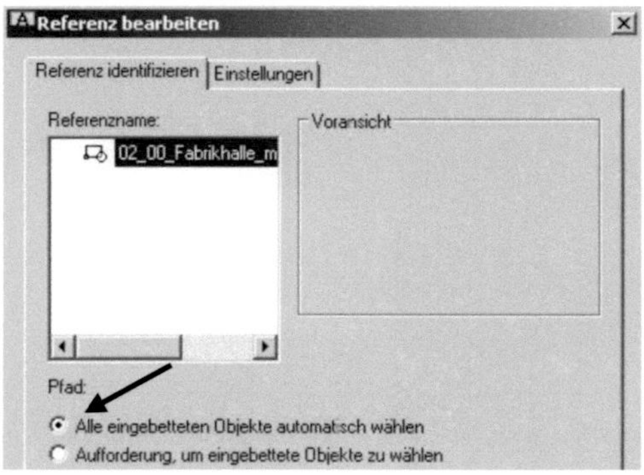

Abb. 389 Block wählen

- Register ***Einfügen***
- Befehlsgruppe ***Referenz*** erweitern
- ***Referenz-Bearbeitung***
- Auf markierte Kante (Abb. 388) klicken
- Option: Alle eingebetteten Objekte automatisch wählen
- OK
- OK

6.2.2.10 Extrudieren der Regale

Abb. 390 Layer: Regale aktivieren

Vor dem Erzeugen der Regale als Volumenkörper sollte der Layer darauf eingestellt werden. Wechseln Sie ins Register ***Start*** und aktivieren Sie in der Befehlsgruppe ***Layer & Ansicht*** den Layer ***Regale*** (Abb. 390).

In den vergangenen Übungen wurden Volumenkörper erstellt, deren geometrische Grundelemente neu definiert wurden (Quader, Zylinder, Kegel, Kugel). In der folgenden Übung sollen 2D-Elemente extrudiert werden, welche bereits in der Zeichnung vorhanden sind. Starten Sie den Befehl ***Extrusion*** und versehen Sie die in Abb. 391 markierten sechs Rechtecke mit einer Höhe.

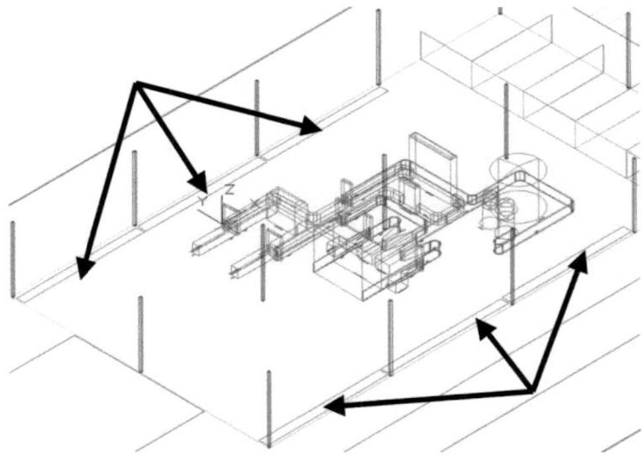

Abb. 391 Rechtecke als Basiskörper der Extrusion wählen

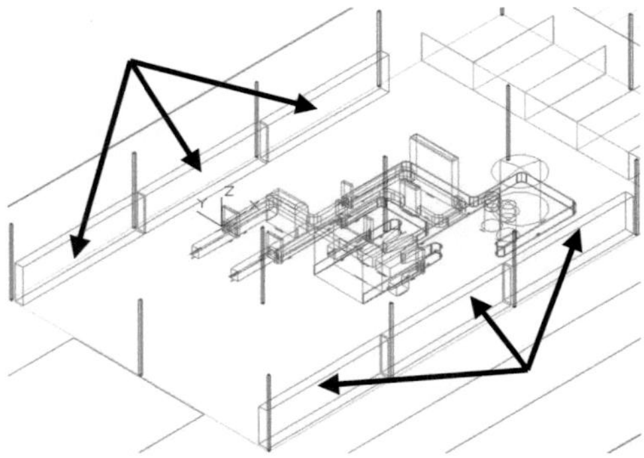

Abb. 392 Regale wurden durch Extrusion erzeugt

- ***<u>Extrusion</u>***
- Sechs Rechtecke (Abb. 391)
- [Enter]
- Maus nach oben ziehen
- Höhe der Extrusion: [4000]
- [Enter]

<u>HINWEIS</u>: Um einen Volumenkörper zu erhalten, muss das zu extrudierende 2D-Objekt geschlossen sein. Ist dies nicht der Fall, wird anstelle des Volumenkörpers ein Flächenelement mit der Masse m = 0 erzeugt (Linienextrusion).

6.2.2.11 Befehlsgrundlagen: Rotation (BG: ERSTELLEN)

Abb. 393 Befehl: Rotation

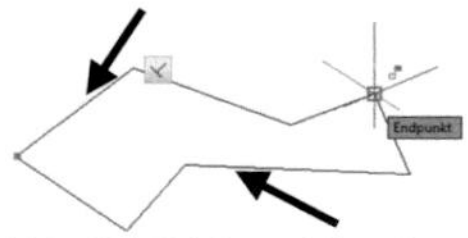

Abb. 394 Objekt und Rotationsachse wählen

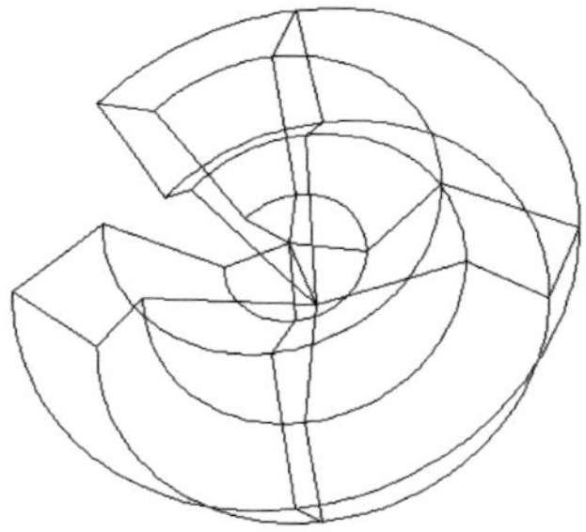

Abb. 395 Rotationswinkel definieren

FUNKTION

- Erzeugt einen Volumenkörper durch Rotation einer geschlossenen 2D-Geometrie um eine Achse

OPTIONEN

- [Modus]: Volumenkörper oder Fläche als Objekt
- [Objekt]: Objekt wählen, welches als Drehachse verwendet werden soll
- [X]: Drehen um die X-Achse
- [Y]: Drehen um die Y-Achse
- [Z]: Drehen um die Z-Achse
- [Startwinkel]: Versatzwert für Rotation

6.2.2.12 Wassertanks durch Rotation erzeugen

Abb. 396 Layer: Wassertanks aktivieren

Aktivieren Sie den Layer ***Wassertanks*** (Abb. 396) und erstellen Sie die beiden Wassertanks als Kugeln. Starten Sie den Befehl ***Rotation*** und drehen Sie den in Abb. 397 markierten Halbkreis ***A*** um die durch die Punkte ***B*** und ***C*** zu definierende Achse.

- ***Rotation***
- Halbkreis A wählen (Abb. 397)
- Achsenstartpunkt B wählen
- Achsenstartpunkt C wählen
- Rotationswinkel eigeben: [360]
- [Enter]

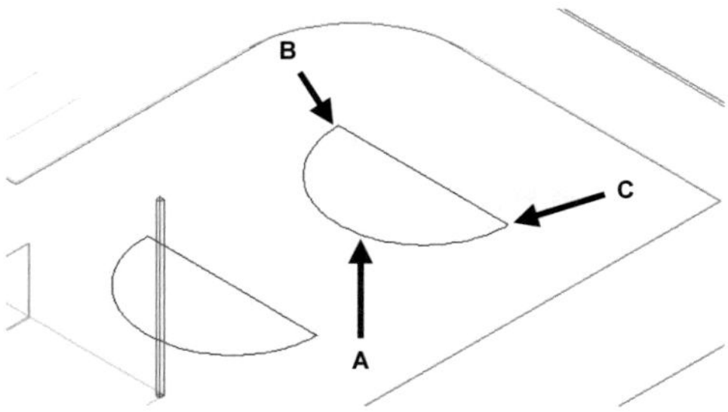

Abb. 397 Geometrie und Achse wählen

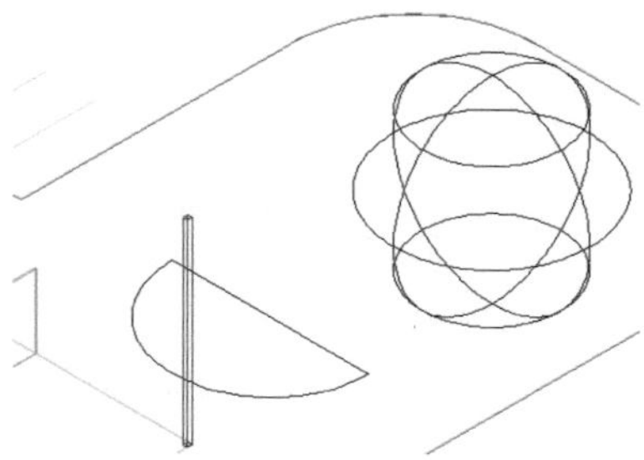

Abb. 398 Kugel wurde erzeugt

Wiederholen Sie den Befehl für den zweiten Halbkreis.

6.2.2.13 Befehlsgrundlagen: Polykörper (BG: ERSTELLEN)

Abb. 399 Befehl: Polykörper

Abb. 400 Ersten Punkt wählen

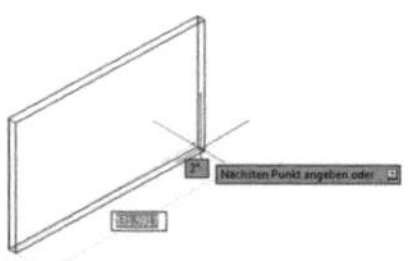

Abb. 401 Zweiten Punkt wählen

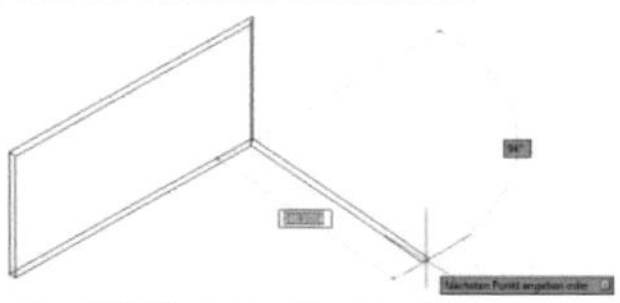

Abb. 402 Nächsten Punkt wählen

FUNKTION

- Erzeugt ein Wandelement, bestehend aus einer mit einer Dicke und Höhe versehen Polylinie

OPTIONEN

- [Objekt]: Konvertiert ein vorhandenes Objekt in einen Polykörper
- [Höhe]: Höhe des Polykörpers
- [Breite]: Breite des Polykörpers
- [Ausrichten]: Basis links, rechts oder mittig der Ziehkurve festlegen
- [Bogen]: Fügt einen Bogen hinzu
- [Schließen]: Schließt den Polykörper
- [Zurück]: Einen Zeichenschritt zurück

6.2.2.14 Hallenwand durch Polykörper erzeugen

Abb. 403 Layer: Wände aktivieren

Aktivieren Sie den Layer ***Wände*** (Abb. 403) und zeichnen Sie um die vier außenliegenden Hallenpunkte (Abb. 404) einen ***Polykörper***. Er soll die äußere Hallenwand der Fabrik mit einer Breite von 100 mm und einer Höhe von 8000 mm darstellen.

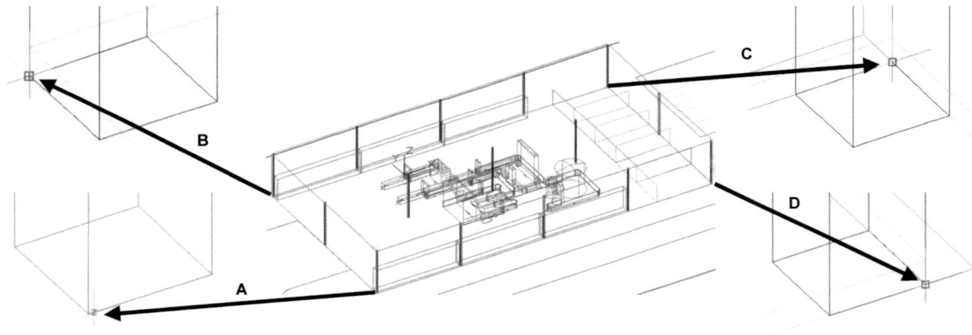

Abb. 404 Fabrikhalle (Mitte) mit den vier vergrößert dargestellten Eckpunkten des Außenbereiches

- ***Polykörper***
- Option: [Breite]
- Wert für Breite: [100] > [Enter]
- Option: [Ausrichten]
- Wert für Ausrichtung: [Rechts]
- Option: [Höhe]
- Wert für Höhe: [8000] > [Enter]
- Startpunkt Polylinie (Abb. 404 A) wählen
- Zweiten Punkt Polylinie (B) wählen
- Zweiten Punkt Polylinie (C) wählen
- Zweiten Punkt Polylinie (D) wählen
- [S] > [Enter] (Polylinie schließen)

6.2.2.15 Zwei neue Quader erzeugen

In die Hallenwand sollen in der folgenden Übung zwei Aussparungen eingefügt werden. Hierfür sind zwei Quader zu zeichnen, welche anschließend vom Polykörper durch eine Differenz zu subtrahieren sind.

Wechseln Sie ins Register ***Start***, aktivieren Sie am ***ViewCube*** die ***isometrische Ansicht*** (Haussymbol) und starten Sie den Befehl ***Quader***.

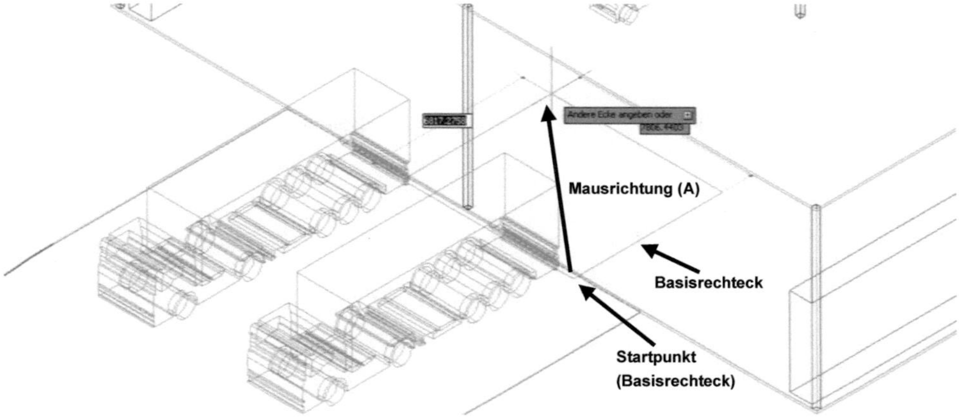

Abb. 405 Ersten Quader erzeugen

- ***Quader***
- Startpunkt: [-15300] > [Tab] > [5800]
- [Enter]
- Maus in Richtung ***A*** ziehen (Abb. 405)
- Endpunkt: [500] > [Tab] > [3500]
- Maus nach oben ziehen
- Höhe: [5000]
- [Enter]

Kopieren Sie den Quader einmal und verschieben Sie diesen um [6800] mm in die in Abb. 406 mit ***C*** markierte Richtung.

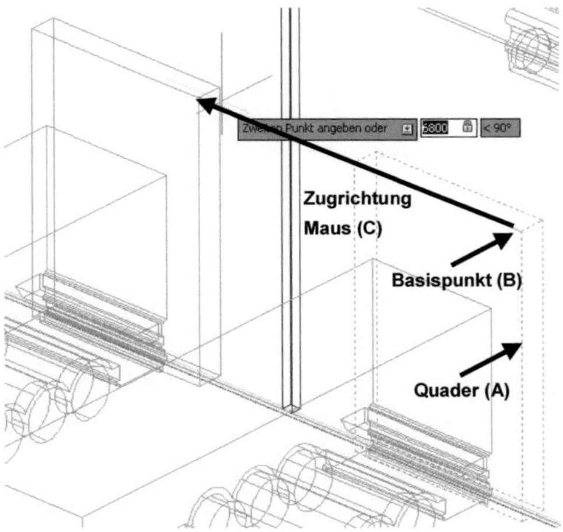

Abb. 406 Quader kopieren und verschieben

- ***Ortho-Modus*** aktivieren

- ***Kopieren***
- Quader wählen (Abb. 408 A)
- [Enter]
- Basispunkt der Kopie wählen (B)
- Maus in markierte Richtung ziehen (C)
- [Tab] > [6800]
- [Enter] > [Esc]

6.2.3 Befehlsgruppe: BEARBEITEN

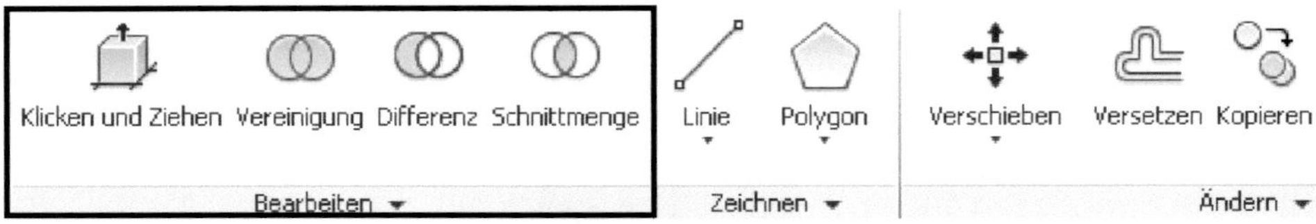

Abb. 407 Befehlsgruppe: Bearbeiten

Bearbeitung von Volumen- oder Flächenkörpern durch boolesche Operationen.

6.2.3.1 Befehlsgrundlagen: Differenz

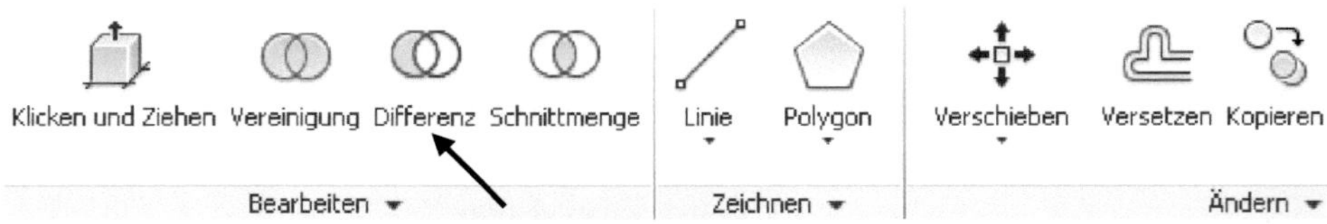

Abb. 408 Befehl: Differenz

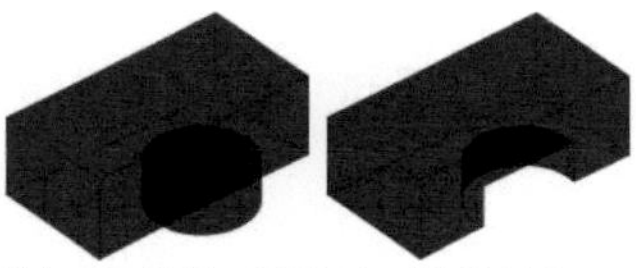

Abb. 409 (L) Zwei Objekte; (R) Objekt nach Differenz

FUNKTION

- Subtrahiert ein Objekt (Volumen- oder Flächenkörper) von einem anderen

6.2.3.2 Quader vom Polykörper subtrahieren (Differenz)

Starten Sie den Befehl ***Differenz***, um die beiden Quader vom Polykörper zu subtrahieren.

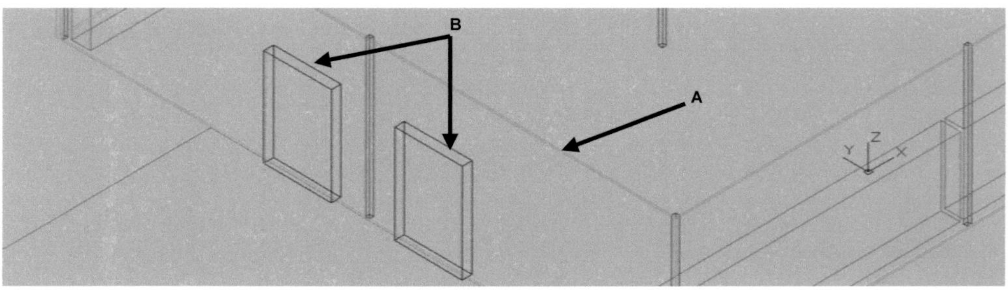

Abb. 410 Quader von Polykörper subtrahieren

- ***Differenz***
- Hallenwand wählen (Abb. 410 A)
- [Enter]
- Beide Quader wählen (B)
- [Enter]

6.2.3.3 Fuhrpark als Block importieren

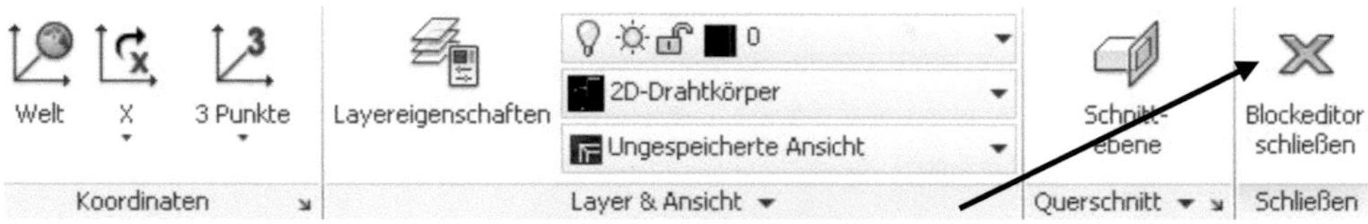

Abb. 411 Blockeditor schließen

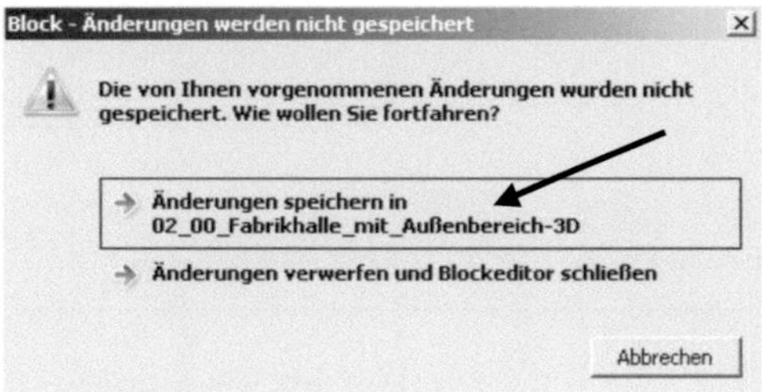

Abb. 412 Änderungen im Block speichern

Die Bearbeitung des Hallenbereiches ist somit abgeschlossen und der Blockeditor kann ***beendet*** werden (Abb. 411). Im folgenden Fenster ***Block - Änderungen*** .. ist die Option ***Änderungen speichern*** .. (Abb. 412) zu aktivieren. Zurück in der Hauptzeichnung soll der Fuhrpark eingefügt werden.

Er ist bereits samt LKW und Gabelstapler als fertige Zeichnung vorhanden und soll im folgenden Schritt importiert werden. Wechseln Sie ins Register ***Einfügen*** und importieren Sie den ***Block*** mit der Bezeichnung ***03_00_Fuhrpark.dwg***. Achten Sie auch hier wieder darauf, sich auf den Koordinatenursprung zu beziehen.

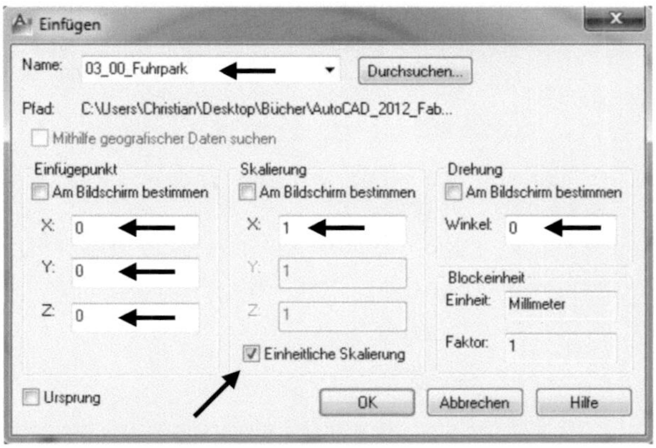

Abb. 413 Block: 03_00_Fuhrpark.dwg einfügen

- ***Einfügen***
- [Durchsuchen...]
- (Projektordner)
- Dateiname: [03_00_Fuhrpark.dwg]
- Werte und Einstellungen aus Abb. 413 übernehmen
- [OK]

6.2.4 Register: RENDERN
6.2.5 Befehlsgruppe: RENDERN

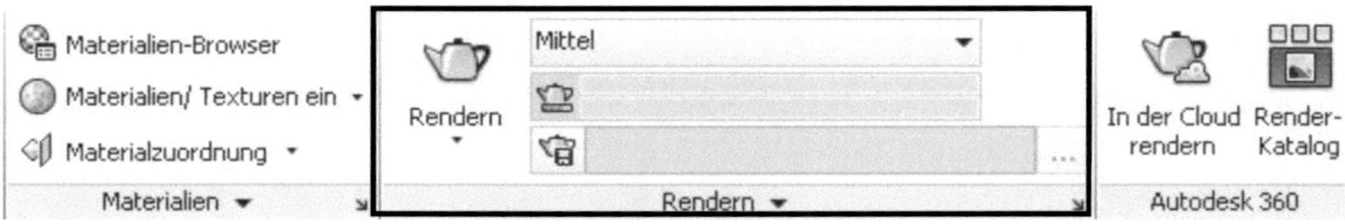

Abb. 414 Befehlsgruppe: Rendern

Rendern ermöglicht das realistische Erzeugen eines Bildes.

6.2.5.1 Befehlsgrundlagen: Rendern

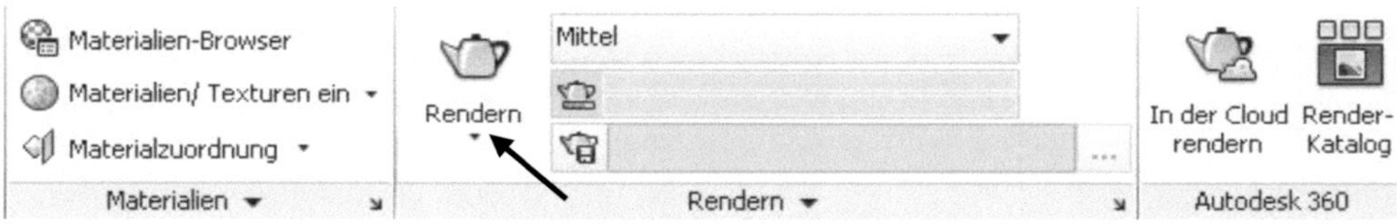

Abb. 415 Befehl: Rendern

Erzeugt ein qualitativ hochwertiges und realistisches Bild, unter Verwendung der Randbedingungen Schatten, Beleuchtung und Materialien.

6.2.5.2 Rendern des Bildes

Abb. 416 Ausgabegröße einstellen

Erweitern Sie die Befehlsgruppe Rendern und aktivieren Sie die Ausgabegröße auf das Format ***1024 x 768*** (Abb. 416). Drehen Sie die Ansicht in eine optimale Position starten Sie anschließend den Befehl ***Rendern***.

- ***Rendern***
- ***Datei*** > ***Speichern*** (im Renderbereich)
- Dateiname: [Bild_1]
- Dateityp: *.jpg
- Speichern

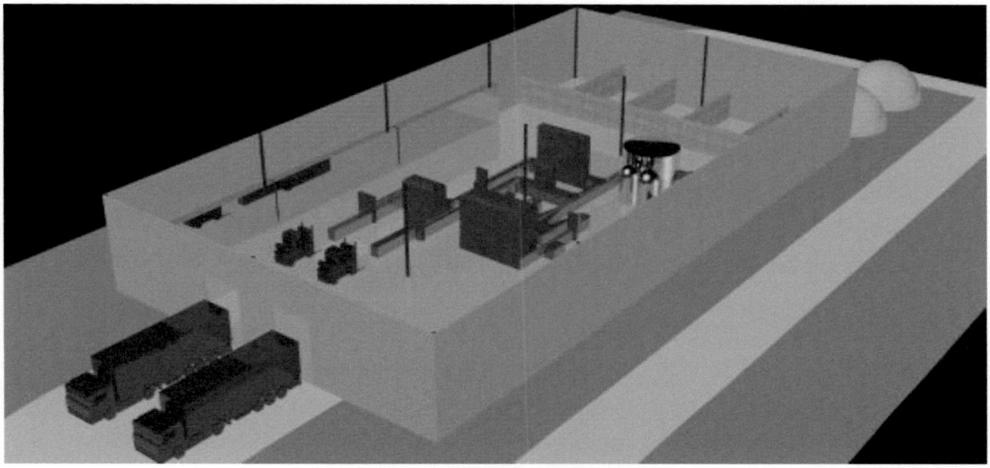

Abb. 417 Fabrik (gerenderte Darstellung)

Speichern und schließen Sie die Datei abschließend.

7 SCHLUSSWORT

Der Autor des Buches hofft, dass Sie bei der Arbeit mit dem Programm und dem Übungsprojekt viel Spaß hatten.

Der Inhalt des Buches wurde sorgfältig geprüft. Leider können Fehler nicht ausgeschlossen werden.

Wenn Ihnen während der Arbeit mit dem Buch Fehler auffallen sollten, oder wenn Sie Ideen zur Verbesserung des Inhaltes haben, ist Ihnen der Autor für jeden Hinweis per E-Mail dankbar.

Konstruktive Anmerkungen können jederzeit an ***schlieder@ingenieurbuero-schlieder.de*** gesendet werden.

Vielen Dank.

INDEX

*

A

B

B

B

B

B

D

E

E

F

G

H

I

K

L

L

M

N

O

P

P

Q

R

S

S

T

U

V

W

X

Z

FSC
www.fsc.org
MIX
Papier aus verantwortungsvollen Quellen
Paper from responsible sources
FSC® C105338